城市河流生态系统健康及景观服务价值评价研究

——以昆明市盘龙江为例

李俊梅 杨常亮 费 宇 吴兆录 著

科学出版社

北京

内 容 简 介

本书以昆明市盘龙江为例,研究城市河流生态系统健康状况及生态系统景观服务价值问题。采用综合指标评价法,选用能够表征城市河流生态系统主要特征和功能的指标,包括水质特征、生物指标、河流水文、河道指标、河岸带和社会指标 6 个方面,共 20 个指标,建立城市河流生态系统健康评价综合指标体系,确定评价标准,用层次分析法确定指标权重,构建层次综合评价模型,评价盘龙江生态系统健康状况;同时采用条件价值评估法评估盘龙江综合整治后生态系统景观服务价值,以货币的形式反映出其生态系统景观服务改善的生态效益,从社会经济特征的角度提出维持河流生态健康以及生态系统景观服务改善的建议,为政府开展城市河流整治及生态修复提供决策依据,引导可持续发展的河流管理。

本书可供从事环境污染及其防治、环境健康评价、生态系统服务和环境规划与管理的科研、技术人员和政府机构管理人员参考,也可作为环境科学、流域生态学、生态经济学、环境规划与管理等相关专业师生的教学参考书。

图书在版编目(CIP)数据

城市河流生态系统健康及景观服务价值评价研究:以昆明市盘龙江为例/李俊梅等著. —北京:科学出版社,2019.11

    ISBN 978-7-03-063202-9

Ⅰ.①城… Ⅱ.①李… Ⅲ.①城市–河流–环境生态评价–研究–昆明 Ⅳ.①X52206 ②X826

中国版本图书馆 CIP 数据核字 (2018) 第 283304 号

责任编辑:莫永国 刘莉莉/责任校对:彭 映
责任印制:罗 科/封面设计:墨创文化

科学出版社出版

北京东黄城根北街16号
邮政编码:100717
http://www.sciencep.com

四川煤田地质制图印刷厂印刷
科学出版社发行 各地新华书店经销

*

2019 年 11 月第 一 版 开本:B5 (720×1000)
2019 年 11 月第一次印刷 印张:6 1/4
字数:126 000

定价:69.00 元
(如有印装质量问题,我社负责调换)

前　　言

健康的城市河流生态系统是城市可持续发展的重要标志。本书以昆明市盘龙江为例，研究城市河流生态系统健康状况及生态系统景观服务价值问题，通过研究建立简便、可操作性强且较完善的城市河流生态系统健康评价综合指标体系及评价模型，正确评价城市河流的健康状况，明确影响城市河流生态系统健康的限制因素；有助于丰富和完善河流健康评价方法和指标体系研究，便于对城市河流做长期的监测，定期提供河流健康现状、变化及趋势的状态报告，及时做出规划和决策，以调整河流生态修复的规划和设计，确定河流恢复的目标，评价河流恢复的有效性，还可推广应用于其他城市河流的健康评价；同时，进一步评估城市河流生态系统景观服务价值，从社会经济特征的角度提出维持河流生态健康以及生态系统景观服务改善的建议；为政府开展城市河流整治及生态修复提供决策依据，以构建符合城市景观需求的河道生态系统，保持河流健康发展，引导可持续发展的河流管理。

昆明市盘龙江是滇池流域流量最大的城市河流，通常指经松华坝水库至滇池入湖口段，全长 26.5km，干流河宽 14.7～35m，是滇池流域最主要的入湖河道，也是昆明市的主要景观河，与滇池的治理和生态健康息息相关。从 20 世纪 80 年代开始，直到 2007 年，随着城市化进程的加快和城市人口的增加，盘龙江成了一条入滇河道中最大、最长的，承载城市生活污水、工业废水、农业污染物的臭水河，其生态系统严重退化，水质达不到作为自然水体最低要求的 V 类水水质，不能满足其作为景观水体 V 类水的需求。2008 年开始，盘龙江作为昆明市 36 条出入湖河道治理示范对其进行综合整治，综合整治后的盘龙江已恢复生机，河水清澈，沉水植物生长良好，成为昆明市城市景观的重要组成部分。2011 年 1～12 月盘龙江入湖口断面水质达到地表水 IV 类标准，水质得到明显改善。在盘龙江综合整治初步完成，基本形成河道长效管理机制的情况下，政府还将继续推进和加强盘龙江的管理和综合整治工作，巩固河道治理工作成果，健全河道日常管理长效机制。

本书采用综合指标评价法，选用能够表征城市河流生态系统主要特征和功能的指标，包括水质特征、生物指标、河流水文、河道指标、河岸带和社会指标 6 个方面，共 20 个指标，建立城市河流生态系统健康评价综合指标体系和评价标准；采用层次分析法 (analytic hierarchy process，AHP) 确定各级指标的权重，构建层次综合评价模型，评价盘龙江生态系统健康状况；同时采用条件价值评估法 (contingent valuation method，CVM)，以问卷调查的形式，询问公众对盘龙江综合整治后生态系统景观服务改善的支付意愿 (willingness to pay，WTP)，回收有效问卷 393 份，对盘龙江生态系统景观服务价值进行评估，以货币的形式反映出其生态系统景观服务改善的生态效益。获得的主要结果如下：

(1) 2011 年的初步评价表明：盘龙江生态系统处于健康状况。从上游往下游选取盘龙江 4 个样点，盘龙江上段和盘龙江中段上的综合分值分别为 3.20 和 3.19，处于很健康状态；盘龙江中段下和盘龙江下段的综合分值分别为 2.48 和 2.64，处于健康状态；盘龙江整体的综合评价值为 2.88，处于健康状态。说明之前对盘龙江的综合整治有很好的效果。

根据盘龙江生态系统健康评价结果和各级指标的评价分值，明确了影响城市河流生态系统健康的限制因素主要有河岸缓冲带、河流水质、水生生物栖息环境、河道弯曲程度、护岸形式等，并提出了相应的河流生态修复的对策建议。

(2) 2011 年盘龙江综合整治基本完成，盘龙江生态系统景观服务价值评估为 4.55×10^7 元/年。在盘龙江从松华坝水库至滇池入湖口，长 26.5km 的区段内进行问卷样本调查，评估得到昆明市盘龙江生态系统景观服务价值为 4.55×10^7 元/年，生态系统健康和景观服务改善的平均支付意愿 (WTP) 为 63.05 元/(年·户)；支付意愿与受访者的教育程度 (EDU)、捐款经历 (DON)、环境态度 (如盘龙江存在的重要性 IMP) 等因素相关性显著 ($p < 0.1$)，但与受访者的收入 (INC)、年龄 (AGE)、对治理信息了解程度 (KNO)、未成年人数 (CHI)、是否盘龙江沿线居民 (NEA)、家庭人口数 (NUM)、性别 (GEN) 的相关性不显著。

因此认为，提高公众的受教育程度、环境态度和环保意识，对河流生态健康的改善和修复、环境管理和保护有着积极作用。

本书中部分精彩的原始记录列于附录里。

本书由云南大学李俊梅、杨常亮、吴兆录和云南财经大学费宇著。

本书的出版得到国家住建部城市水专项的子子课题"再生水深度处理与河道生态重建技术研究" (2009ZX07317-006-03-03)、云南大学"高原山地生态与地球环境"学科特区"双一流"建设项目、费宇云岭学者项目资助；得到国家自然科学基金项目"广义估计方程(GEE)框架下的回归诊断：基于均值和协方差结构同时拟合的研究"(11561071)、国家自然科学基金项目"高维纵向数据动态聚类分析研究"(11971421)、云南省社科规划重大项目"云南省生态资产评估理论方法与实证研究"(ZDZB201502)、云南省哲学社会科学研究基地课题"云南省州(市)县三级生态文明示范区建设协同推进研究"(JD2019YB05)资助；还得到云南省高原山地生态与退化环境修复重点实验室、云南生态文明建设智库、云南生态建设与可持续发展研究基地、云南省重点研发计划(2018DG005、2019BC001)、云南大学服务云南行动计划(2016MS18)资助。本书在写作过程中得到了段昌群教授、王焕校教授、王宏镔教授、王丽珍教授、陈自明副教授、付登高老师许多有益的建议和帮助；得到了昆明市城市排水监测站何洁正高级工程师和白涛高级工程师给予的支持和帮助；吴程、刘兵、商强、胡明江、王帅、尚大江、何敏、缪漪、李兴业、马腾、穆剑桥、蒋为、李炜、阎凯、夏振、付健梅、周晶等学生参与了生态调查、样品采集、问卷调查、书稿校对等工作；得到了科学出版社刘莉莉编辑的大力支持和帮助，在此我们一并表示衷心的感谢。

作者

2019 年 6 月

目　　录

第1章　绪论 ··· 1

1.1　概述 ··· 1

1.2　国内外研究现状 ··· 7

　　1.2.1　城市河流生态系统健康评价 ·· 7

　　1.2.2　城市河流生态系统景观服务价值评估 ······························· 11

1.3　本书主要内容 ··· 16

第2章　城市河流生态系统健康评价 ·· 19

2.1　引言 ··· 19

2.2　研究区域与方法 ··· 20

　　2.2.1　研究区域 ·· 20

　　2.2.2　研究方法 ·· 22

2.3　研究结果与分析 ··· 32

　　2.3.1　指标测定、评定值及标准化值 ··· 32

　　2.3.2　20个二级指标标准化值归总 ·· 37

　　2.3.3　指标权重的计算 ·· 38

　　2.3.4　盘龙江生态系统健康评价结果及其健康修复的对策建议 ········ 45

2.4　本章小结 ··· 50

第3章　城市河流生态系统景观服务价值评估 ···································· 52

3.1　引言 ··· 52

3.2　研究区域与方法 ··· 54

　　3.2.1　研究区域 ·· 54

　　3.2.2　研究方法 ·· 55

3.3　研究结果与分析 ··· 58

　　3.3.1　WTP值与昆明市盘龙江生态系统景观服务价值的评估 ········ 58

　　3.3.2　WTP与社会经济特征等的相关性分析 ······························ 59

　　3.3.3　受访者是否接受过问卷调查对 WTP 的影响 ················· 60

　3.4　本章小结 ·· 61

第 4 章　分析与总结 ··· 62

　4.1　分析 ·· 62

　　4.1.1　城市河流生态系统健康评价问题 ························· 62

　　4.1.2　指标体系推广难度分析 ································· 63

　　4.1.3　城市河流生态系统景观服务改善的公众支付意愿 ········· 66

　　4.1.4　存在的问题分析 ······································· 67

　4.2　总结 ·· 70

参考文献 ··· 72

附录 ··· 78

　A　昆明市盘龙江公众态度调查问卷 ······························· 78

　B　昆明市盘龙江生态系统景观服务价值调查问卷 ··················· 80

　C　与本书研究相关的部分照片 ··································· 85

第1章 绪　　论

1.1　概　　述

　　健康的城市河流生态系统是城市可持续发展的重要标志。本书以昆明市盘龙江为例，研究城市河流生态系统健康状况及生态系统景观服务价值问题，通过研究建立简便、可操作性强且较完善的城市河流生态系统健康评价综合指标体系及评价模型，正确评价城市河流的健康状况，明确影响城市河流生态系统健康的限制因素；有助于丰富和完善河流健康评价方法和指标体系研究，便于对城市河流做长期的监测，定期提供河流健康现状、变化及趋势的状态报告，及时做出规划和决策，以调整河流生态修复的规划和设计，还可推广应用于其他城市河流的健康评价；同时，进一步评估城市河流生态系统景观服务价值，以货币的形式反映出城市河流生态系统景观服务改善的生态效益，从社会经济特征的角度提出维持河流生态健康以及生态系统景观服务改善的建议；为政府开展城市河流整治及生态修复提供决策依据，以构建符合城市景观需求的河道生态系统，保持河流健康发展，引导可持续发展的河流管理。

　　将城市河流生态系统健康与公众对城市河流生态系统景观服务改善的支付意愿结合起来研究，是本书的一个亮点。

　　城市河流是指发源于城区或流经城区的河流或河流段，也包括一些历史上虽属人工开挖、但经过多年演化已具有自然河流特点的运河、渠系(岳隽，2005)。城市河流是城市景观的重要构成要素，世界上不少历史名城，如巴黎、伦敦、荷兰等，都有美丽的河流贯穿其中。城市河流具有供水、生物保护与景观欣赏等多种生态服务功能，城市的自然、社会、经济与环境价值推动了城市的发展。但随着流域城市化进程的加快，城市规模的扩大，河流生态系统受到的人为干扰日渐增多，其整体生态状况受到严重影响，系统功能逐渐退化(Beck，2005；Anne et al.，2005；Ellen，2006)，很有必要加强城市河流的管理和综合治理。

　　盘龙江是滇池流域流量最大的城市河流，通常指经松华坝水库至滇池洪家大村入湖口段(图 1-1)。盘龙江发源于嵩明县阿子营乡白沙坡,经松华坝水库出库后自北向南贯穿昆明市区流入滇池。出库后经上坝、中坝、雨树村、落索坡、浪口、北仓等村,穿霖雨桥,经金刀营、张家营等村进入昆明市区,过通济、敷润、南太、得胜、双龙桥至螺狮湾村出市区,经官渡区南窑川南坝走陈家营、金家村至洪家村流入滇池,沿途流经盘龙区、官渡区、西山区、五华区。盘龙江自松华坝水库至滇池河道全长 26.5km,径流面积 142km^2,干流河宽 14.7~35m,行洪能力 68.4~150m^3/s,是滇池流域最主要的入湖河道,也是昆明市的主要景观河。它承担着重要的排水、防洪任务,并且与滇池的治理和生态健康息息相关。盘龙江是昆明市人民成长的摇篮,被喻为昆明市的"母亲河"。

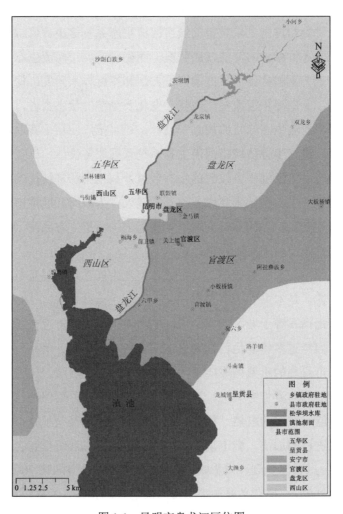

图 1-1　昆明市盘龙江区位图

过去，盘龙江水质清澈，不仅灌溉两岸农田，滋养沿途人家，而且水产丰富，昆明市 1200 多年的建城史因其而兴，丰富的历史文化内涵因其享誉国内外。然而，从 20 世纪 80 年代以来，随着城市化进程的加快和城市人口的增加，盘龙江两岸违章建筑林立、河堤失修、河道积淤、道路拥挤，畜禽养殖等污染物大肆倾泻，盘龙江成了一条承载城市生活污水、工业废水、农业污染物的脏河臭河，成为入滇河道中最大、最长的臭水河，其生态系统严重退化。直到 2007 年，盘龙江水质仍达不到作为自然水体最低要求的 V 类水水质，不能满足其作为景观水体 V 类水的需求。盘龙江的污染不仅影响了两岸人民的生产生活，也对昆明市的社会经济发展带来了严重损害，特别是污水流入滇池、进入普渡河后汇入长江，直接对长江下游水系造成污染。因此，治理盘龙江不仅对提升昆明城市品质、建设现代新昆明具有重要的现实意义，而且对加快滇池治理步伐、保护长江下游水环境具有重要的战略意义。整治"母亲河"成为政府和老百姓的共同目标。

从 2008 年开始，昆明市委市政府从全局性、整体性、综合性、系统性出发，按照"环保优先、铁腕治污、科学治水、综合治理"的思路，提出了"治湖先治水，治水先治河，治河先治污，治污先治人，治人先治官"的工作思路，对滇池流域入湖河道实施"河（段）长负责制"，将盘龙江治理作为昆明市 36 条出入湖河道治理示范，全面开展盘龙江综合整治，2008 年以来投资 12.5 亿元进行综合整治，采取了一系列治理措施：①堵口查污，截污导流。为从根本上杜绝两岸污水直排盘龙江，在对盘龙江沿线的所有污染源和排污口进行摸底排查的基础上，封堵两岸沿线排污口。在盘龙江上游实施清污分流，在中下游实施雨污分流，截住两岸沿线污染源。目前，盘龙江沿岸污水实行全收集、全处理，污水输送到污水处理厂进行处理，清水输送至盘龙江，增加盘龙江清水补给。②两岸拆迁，开辟空间。针对盘龙江沿岸违章建筑长期挤占河岸、堵塞道路的情况，对两岸实施拆临、拆违，开辟空间，建设生态保护缓冲带。③河床清淤。针对盘龙江长年存留的淤泥，分片分段对盘龙江实施河床底泥清淤工程，淤泥排至干化场沉淀干化，并进行无害化处理，大大减轻了污染负荷。④两岸禁养。为杜绝盘龙江沿岸畜禽养殖粪便对河体水质造成污染，通过搬迁养殖场、养殖户等禁养措施，实现了河道沿线畜禽禁养，有效保证了沿岸环境卫生和水体不被污染。⑤生态恢复，绿化美化。根据盘龙江上、中、下游不同的生态景观功能特点及要求，对盘龙江沿线全面实施生态恢复和绿化美化，营造滨水休闲场地和设施，在河道入湖口建设生态湿地，一方面改善河道景观，另一方面对净化水质起到促进作用。⑥改造扩建污水处理厂，提高污水处理能力。面对城市发展进程带来的污染负荷压力，对污水处理厂进行改扩建，提升污水深度处理工艺，所有污水厂的出水标准均执行《城镇污水处理厂污染物排放标准》的一级 A 标准；成立中水公司，建设中水处理设施，对处理后的尾水做到中水回用。⑦实行污水处理最低收费标准。目前污水处理综合价格为 1.10 元/m^3，实现了国家最低收费标准，污水处理费委托自来水公司收取，设施运行管养资金使用污水处理费。

盘龙江综合整治取得了显著成绩。河道两岸共封堵 366 个排污口，实施拆临、拆违、拆迁共计 $35×10^4m^2$，完成河道清淤 $17×10^4m^3$，实现沿线畜禽禁养 3.6 万头(羽)，完成绿化美化 $80.43×10^4m^2$，湿地建设 1139 亩(1 亩≈666.7m^2)。经过改造和扩建，盘龙江沿线的昆明市第五污水处理厂设计日处理能力从 $7.5×10^4m^3$ 增加到 $18.5×10^4m^3$；第四污水处理厂工艺得到提升，由原来的 ICEAS 工艺升级改造为膜处理工艺。目前，盘龙江沿岸污水已实现全收集、全处理，污水经管网收集后输送到第四、第五污水处理厂进行处理，处理达标后的尾水回补至盘龙江，两厂回补量共计约 $23×10^4m^3/d$，进一步提升了盘龙江的水资源补给能力。下一步，随着牛栏江—滇池补水工程的全面实施，将有大量的牛栏江清水调入盘龙江作为生态补水，届时盘龙江的水量、水质都将得到大幅度的提升。

据昆明市环境保护局的水质监测数据显示，自 2007 年全面综合整治以来，到 2010 年盘龙江水体中氨氮的浓度从 2007 年的 9.30mg/L 下降到 2.81mg/L，降幅达 70%；COD_{Mn}(chemical oxygen demand，化学需氧量，用高锰酸钾作化学氧化剂测定的 COD 记为 COD_{Mn})的浓度从 2007 年的 0.775mg/L 下降到 0.375mg/L，降幅达 52%；溶解氧为 5.6mg/L，是 2007 年的 2.5 倍。

综合整治后的盘龙江，重新焕发了往昔水质清澈、鱼儿游动的勃勃生机，绝迹多年的海菜花又浮现于盘龙江中，沉水植物生长良好，沿岸景观也发生了巨大变化，一排排绿树和簇拥的鲜花使盘龙江显得格外亮丽；水清、景美、岸绿，成为昆明城市景观的重要组成部分。经昆明市环境保护局对盘龙江进行水质监测的结果显示：2011 年 1～12 月盘龙江入湖口断面水质达到地表水 IV 类标准，水质得到明显改善，取得了很好的治理效果(盘龙江综合整治及治理效果的相关图片见附录)。在盘龙江综合整治初步完成，基本形成河道长效管理机制的情况下，政府还将继续推进和加强盘龙江的管理和综合整治工作，巩固河道治理工作成果，健全河道日常管理长效机制，并将取得的治理经验全面推广到所有入滇河道。河道清，滇池清；滇池清，昆明兴。盘龙江综合治理的示范效应将有助于滇池水环境污染治理。

    健康的城市河流生态系统是城市河流管理的主要目标，正确评价城市河流生态系统健康是实现城市河流生态系统可持续发展的重要步骤，评价城市河流生态系统景观服务价值，对政府决策及维持河流健康发展有积极作用。河流健康概念其实是河流规划管理的一种评估工具，其目的就是要建立一套河流健康评价体系，评估在自然力与人类活动双重作用下河流长期演化过程中河流健康状态的变化，进而通过规划和管理工作，促进河流生态系统向良性方向发展(Serimgeour et al.，1996)。城市河流生态系统的健康不仅意味着要保持生态学意义上的结构合理、生态过程的延续、功能的高效与完整，还强调河流生态系统的供水、防洪、水土流失控制、生物保护、景观娱乐等服务功能的有效发挥(赵彦伟和杨志峰，2005)。Meyer(1997)认为健康的河流生态系统不但要维持生态系统的结构与功能，且应包括其人类与社会价值，在健康的概念中涵盖生态完整性与人类价值观，即维持河流生态系统的结构和功能的稳定以及社会对河流系统的评价和影响。为了使生态系统健康的概念有实际操作性，需要对其进行评价。河流健康评价方法从评价原理上归纳为两类(庞治国等，2006)：预测模型方法，如 RIVPACS(river invertebrate prediction and classification system)(Sheila，2008)和 AUSRIVAS(Australian rivers assessment system)(Smith et al.，1999；Simpson et al.，1999)等；多指标评价法(也称综合指标评价法)，如澳大利亚的溪流状况指数 (index of stream condition，ISC)(Ladson et al.，1999)、瑞典的农业景观区域河岸带与河道环境(riparian，channel and environment，RCE)评估方法(Robert et al.，1992)、生物完整性指数(index of biotic integrity，IBI)(Karr，1981)等。例如，英国建立了以 RIVPACS 为基础的河流生物监测系统(Sheila，2008)；澳大利亚河流健康计划AUSRIVAS 用于监测和评价澳大利亚河流的生态健康状况，评价现行水管理政策及实践的有效性，并为管理决策提供更全面的生态学及水文学数据(Smith et al.，1999；Simpson et al.，1999；Hart et al.，2001；Parsons et al.，2002)。但 RIVPACS 和 AUSRIVAS 具有一定的局限性。而综合指标评价法是根据河流生态系统的特征及其社会功能建立指标体系，综合评价河流的健康状况，这种方法既能反映河流的总体健康水平和社会功能水平，又可以反映出生态系统健康变化的趋势(王琳等，2007)，是一种比较全面的评价方法。该方法在美国及澳大利亚得到了广泛应用，其中最具代表性的是澳大利亚的 ISC。Ladson 等(1999)研究了 ISC，并用于Avon River 进行河流健康的实证研究；ISC 用于对维多利亚流域中 80 多条河流的实证研究表明，ISC 的研究结果有助于确定河流恢复的目标，评价河流恢复的有效性，引导可持续发展的河流管理(Parsons et al.，2004)。ISC 主要侧重于对水体环境价值的评价(赵彦伟和杨志峰，2005)，却忽略了城市河流作为城市水环境主体，兼有泄洪、景观欣赏、休闲等社会服务功能(Gilvear et al.，2002)。RCE 主要用于湿地和农村地区小溪流(河宽＜3m)河岸带、河道形态、生物状况等的评价，具有浓厚的农村区域特色，如用于评价城市化地区河流的健康状况，则需要进行一定程度的改进。IBI 着眼于水域生物群落结构和功能，对专业性要求较高。此外，城市河流生态系统景观服务价值评估方面的研究已有一定工作基础，在国内外学者对生态系统服务价值研究的基础上，我国近年有不少城市运用条件价值评估法(CVM)对城市河流生态系统服务价值进行实例研究(赵军等，2005；徐中民等，2003；张志强等，2002 和 2004；王寿兵等，2003)，CVM 逐渐趋于成熟。

　　由于河流健康评价的重要性和必要性，以及河流生态系统的复杂性，其评价指标体系需要不断验证、完善和规范。

　　本书采用综合指标评价法，将河流结构和功能的自然属性和社会属性结合起来，选用能够表征城市河流生态系统主要特征和功能的指标，包括水质特征、生物指标、河流水文、河道指标、河岸带和社会指标 6 个方面，共 20 个指标，建立一套全面系统的城市河流健康评价指标体系，建立评价模型(包括评价标准的建立、指标权重的确定、综合评价模型的构建)，评价城市河流生态系统健康状况，以昆明城市河流盘龙江为例进行实证研究，评价其生态系统健康状况，明确影响城市河流生态系统健康的限制因素，提出相应的河流生态修复的对策和建议；有助于完善河流健康评价方法和指标体系研究，便于对城市河流做长期的监测，定期提供河流健康现状、变化及趋势的状态报告，及时做出规划和决策，以调整河流生态修复的规划和设计，确定河流恢复的目标，评价河流恢复的有效性，还可推广应用于其他城市河流的健康评价，从而引导可持续发展的河流管理；同时，进一步采用条件价值评估法，评估城市河流盘龙江综合整治基本完成后的生态系统景观服务价值，以货币的形式反映出盘龙江生态健康、生态系统景观服务改善的生态效益，并对支付意愿与普遍关注的社会经济特征(如年龄、收入、受教育程度等)进行相关性分析，从社会经济特征的角度提出维持河流生态健康及生态系统景观服务改善的建议，对河流持续健康发展有积极作用，有助于政府做出更为合理的社会决策，为河流治理和管理提供科学决策依据。

1.2　国内外研究现状

1.2.1　城市河流生态系统健康评价

在胁迫影响日益加剧的今天，随着新的生态理念的引导，国际资源环境学术界对于河流的评价方法从传统的单纯水文评价，扩展到包括水文、水质、生物栖息地质量、生物指标等综合评价方法，相应出现了河流健康的概念(Serimgeour et al.，1996；董哲仁，2005)。关于河流生态系统健康的含义尚不十分明确(Norris et al.，1999)，学者们理解不一。Karr(1999)将河流生态完整性当作健康。Simpson 等(1999)认为河流生态系统健康是指河流生态系统支持与维持主要生态过程，以及具有一定种类组成、多样性和功能组织的生物群落尽可能接近未受干扰前状态的能力，把河流原始状态当作健康状态。Costanza 等(1999)则从生态系统角度提出了包含河流生态系统的活力、组织能力以及恢复能力在内的六大生态系统健康评价标准。Norris 等(1999)认为河流生态系统健康依赖于社会系统的判断，应考虑人类福利要求。Norris 等(2007)从河流健康这一概念的实用性角度出发，强调河流健康评价指标和所选用的方法更为重要。Rogers(2006)从河流管理角度进行界定，认为河流健康及其评价和管理必须以社会期望为基础。城市河流生态系统的健康是人类发展与生态保护相协调的高度整合性的概念，是一个对人与河流胁迫和响应关系整体性的表述。

为了使生态系统健康的概念有实际操作性，需要对其进行评价。西方发达国家在河流健康评价方面已经积累了一些经验，有的国家已经制定了相应的技术法规和规范。评价实践比较有代表性的国家有：美国、澳大利亚、英国、南非等。

Wright 等(2000)对 RIVPACS 方法进行了修改，用于境内河流健康状况的评价；英国建立了以 RIVPACS 为基础的河流生物监测系统(Sheila et al.，2008)；澳大利亚河流健康计划 AUSRIVAS 用于监测和评价澳大利亚河流的生态健康状况，评价现行水管理政策及实践的有效性，并为管理决策提供更全面的生态学及水文学数据(Smith et al.，1999；Simpson et al.，1999；Hart et al.，2001；Parsons et al.，2002)；Karr 于 1981 年提出的生物完整性指数(IBI)能够在比较的基础上对所研究的河流健康状况做出评价；美国国家环境保护局(Environmental Protection Agency，EPA)于 1999 年推出了新版的快速生物监测协议(Rapid Bioassessment

Protocols，RBPs），颁布了快速生物监测规程作为河流健康监测及评价的标准 (Barbour et al.，1999)；Rhys 等(2001)基于 Lang Lang River，包括水文、水质、硅藻、鱼类、生物栖息地状况的监测和调研，评价了河流的健康状况，为澳大利亚 Melbourne 地区的河流修复提供了支持。澳大利亚的溪流状态指标(ISC)研究，构建了河流水文学、形态特征、河岸带状况、水质及水生生物 5 个方面(Ladson et al.，1999)，共计 18 项指标的评价指标体系，将河流健康状况评价用于指导河流管理，并评价长期河流管理和恢复中管理干扰的有效性，对维多利亚流域中 80 多条河流的实证研究表明，ISC 的结果有助于确定河流恢复的目标，评价河流恢复的有效性，从而引导可持续发展的河流管理(Parsons et al.，2004)。瑞典的农业景观区域河岸带与河道环境评估方法(RCE)的研究，建立的指标体系包括河岸带完整性、河道宽深结构、河岸结构、河床条件、水生植被、鱼类等 16 个指标，将河流健康状况划分为 5 个等级(Robert et al.，1992)。南非的水事务及森林部于 1994 年发起了"河流健康计划"，该计划选用河流无脊椎动物、鱼类、河岸植被、生境完整性、水质、水文、形态等河流生境状况作为河流健康的评价指标，综合评估河流健康状况(Roux，2001)。

国外对于河流健康评价的研究所选用的评价指标主要是代表性生物指标和生物栖息地质量指标，对于经济开发利用和人类社会影响方面涉及较少(董哲仁，2005)。

我国近十余年来也有许多学者开展了河流健康评价，其评价指标及方法的选择也各有特点。赵彦伟和杨志峰(2005)采用河流生态系统健康理论来研究城市河流健康问题，提出了包含水量、水质、水生生物、物理结构与河岸带 5 大要素的指标体系及其"很健康、健康、亚健康、不健康、病态"5 级评价标准，并用模糊评判模型对宁波市的多条河流进行了评价。高学平等(2009)研究了河流系统健康状况评价体系及评价方法，以反映河流系统的动力状况、水质状况、河流地貌和生物指标状况、河流服务状况等 4 个方面，构建河流系统健康状况评价体系，并建立了基于模糊理论的河流健康状况多层次评价模型，以海河三岔口河段为例，对河流生态系统的健康状况进行了评价。惠秀娟等(2011)在对辽宁省辽河铁岭段、沈阳段、盘锦段等断面水文、水质、着生藻类、栖息地状况实地调查的基础上，采用主成分分析方法，进行指标的筛选，构建了由悬浮物(SS)、电导率、溶解氧(DO)、化学需氧量(COD_{Cr})、生化需氧量(BOD_5)、氨氮(NH_3-N)、总磷(TP)、着生藻类 Shannon 多样性指数(DAA)、河流栖息地质量综合指数(HQI)9 项指标组成的健康评价指标体系,确定了相应指标的权重,将这 9 项指标进行主成分分析,并用改进的灰色关联度法对该河 6 个断面的水生态系统健康状况进行了评价。王琳等(2007)针对城市河流生态系统,建立了涵盖环境、水文、水利、生态、物理结构和社会功能等多方面的综合指标评价体系,评价了济南市玉绣河广场东沟和西沟的健康状况。尤洋等(2009)基于多指标综合评价的方法,结合温榆河研究区域的实际情况,建立了包括河流水文状况、河流水环境状况、河流生物状况、河流形态结构、河岸带状况 5 个方面的评价体系,对温榆河河流健康状况进行了评价。黄河水利委员会、长江水利委员会、珠江水利委员会针对各个流域的状况分别建立了河流健康评价指标体系,从河流生态系统的服务和开发利用角度出发,尝试探求维持河流健康、河流生态修复及河流管理的新途径(李国英,2004;林木隆等,2006;王龙等,2007)。

综上所述,对于河流生态系统的评价,最初从生物对水质变化的响应着手,之后开始从化学物质对水质的影响进行分析。河流生态系统健康评价的方法有很多,由于研究者研究目的的不同,侧重点不同,自身知识结构的差异,且根据研究区域和河流的实际情况和特点,评价指标及方法的选取不尽相同,评价标准的设定也不尽相同。如何建立完善、合理的评价指标体系,是河流健康评价的关键问题。

河流健康评价方法从评价原理上归纳为 2 类(庞治国等,2006):预测模型方法,如 RIVPACS(Sheila et al.,2008)和 AUSRIVAS(Smith et al.,1999;Simpson et al.,1999)等;多指标评价法(也称综合指标评价法),如澳大利亚的 ISC、瑞典的 RCE、生物完整性指数(IBI)方法(Karr,1981)等。

预测模型方法即通过把某些研究地点实际的生物组成与在无人为干扰情况下该点能够生长的物种进行比较而对河流健康进行评价。RIVPACS 是利用区域特征预测河流自然状况下应存在的大型无脊椎动物,并将预测值与该大型无脊椎动物的实际监测值相比,从而评价河流健康状况;AUSRIVAS 针对澳大利亚河流特点,在评价数据的采集和分析方面对 RIVAPCS 方法进行了修改,使得模型能够广泛用于澳大利亚河流健康状况的评价。预测模型方法存在一个较大的缺陷,即主要通过单一物种对河流健康状况进行比较评价,并且假设河流任何变化都会反映在这一物种的变化上,因此,一旦出现河流健康状况受到破坏,但并未反映在所选物种的变化上时,就无法反映河流的真实状况,具有一定的局限性(庞治国等,2006)。

　　综合指标评价法是根据河流生态系统的特征及其社会功能建立指标体系，从而可以综合评价河流的健康状况，这种方法既能反映河流的总体健康水平和社会功能水平，又可以反映出生态系统健康变化的趋势，最适宜用来评价受干扰较深的城市河流健康状况(王琳等，2007)。综合指标评价法首先要选用能够表征城市河流生态系统主要特征和功能的指标，并对这些指标进行归类区分，建立评价的指标体系；其次是对这些特征因子进行度量，确定每个特征因子在河流生态系统健康评价中的权重系数；最后通过加权平均得到被研究河流的综合评价结果。该方法在美国及澳大利亚得到广泛应用，其中最具代表性的是澳大利亚的 ISC(index of stream condition)。ISC 法构建了基于河流水文学、形态特征、河岸带状况、水质及水生生物 5 个方面，共计 18 项指标的评价指标体系(Ladson et al.，1999)，该体系主要侧重于对水体环境价值的评价(赵彦伟等，2005)，却忽略了城市河流作为城市水环境主体，兼有泄洪、景观欣赏、休闲等社会服务功能(Gilvear et al.，2002)。城市河流在人类社会发展和城市化进程中，受到人为干扰和自然演进双重作用的影响，形成其独特的河流特性，这种特性不仅表现在与非城市化地区河流迥异的河流生态系统状况，更体现在供水、防洪、景观效应等服务功能上(赵彦伟和杨志峰，2005)。ISC 用于对维多利亚流域中 80 多条河流的实证研究表明，ISC 的结果有助于确定河流恢复的目标，评价河流恢复的有效性，从而引导可持续发展的河流管理(Parsons et al.，2004)。RCE 能够在短时间内快速评价农业地区河流健康状况，主要用于湿地和农村地区小溪流(河宽＜3m)河岸带、河道形态、生物状况等的评价，包括河岸带完整性、河道宽深结构、河岸结构、河床条件、水生植被、鱼类等 16 个指标，将河流健康状况划分为 5 个等级。该方法具有浓厚的农村区域特色，尤其适用于欧洲农村地区的溪流健康评价，如用于评价城市化地区河流的健康状况，则需要进行一定程度的改进。对于应用生物指标来评价河流健康，选择何种指示生物是生态系统健康评价的关键，目前研究中用得较多的水生生物主要是藻类(以硅藻为主)、无脊椎动物和鱼类(唐涛等，2002)。如"河流无脊椎动物预测和分类系统""澳大利亚河流评价计划"，以及底栖生物完整性指数(benthic index of the biotic integrity，B-IBI)、营养完全指数等，都是基于河流大型无脊椎动物生物多样性及其功能监测的河流健康状况评论模型(庞治国等，2006)。Karr 于 1981 年提出的生物完整性指数(IBI)能够在比较的基础上对所研究的河流健康状况做出评价，是较普及的一种健康评价方法(Karr，1999)。IBI 着眼于水域生物群落结构和功能，用 12 项指标(河流鱼类物种丰富度、指示种类别、营养类型等)评价河流健康状况。该方法包含一系列对环境改变较敏感的指标,从而对所研究河流的健康状况做出全面评价,但对专业性要求较高。

1.2.2　城市河流生态系统景观服务价值评估

巴黎塞纳河水上观光游览,美不胜收;伦敦泰晤士河河水清澈,游轮往来;意大利威尼斯、荷兰阿姆斯特丹更因水上交通和游览令游人流连忘返。在国内,北京"水清、流畅、岸绿、通航"的现代城市水系建设工程,广州"环城水上游憩带"工程,昆明母亲河盘龙江的综合整治工程,使城市河流呈现美丽景观。城市河流是城市宝贵的自然财富,已成为城市优先发展的重要廊道。

河流在城市环境中具有特殊的景观生态学意义,提供休闲娱乐、净化空气、防洪排涝、野生生物生境等生态系统服务(Xu et al.,2003)。其景观生态学意义及其生态系统服务价值已受到官方和社会各界的广泛关注。Costanza 指出,生态系统服务价值即使作为一种数量级的初步估算,其研究结论仍然可以作为一个足够可靠的起点,为保护自然资源提供管理决策依据。

Costanza 等(1999)将生态系统提供的商品和服务统称为生态系统服务。生态系统的服务价值是指人们能够直接或者间接从生态系统功能中获取的产品和服务(Xu et al.,2003)。生态系统服务功能是指生态系统与生态过程所形成与维持人类赖以生存的自然环境条件与功能(Costanza et al.,1999;Daily,1997)。

生态系统服务是生态系统功能的表现,生态系统服务功能是人类生存与现代文明的基础,其内涵可以包括合成与生产有机质、涵养水源、持水保土、净化空气、降解有毒有害物质、调节气候、产生与维持生物多样性、保护野生生物、维持生态系统稳定性、减轻自然灾害等。

Costanza 等(1999)在评估全球生态系统服务功能时,提出 17 种功能:空气净化、气候调节、干扰调节、水量调节、水资源保持、侵蚀与沉积物滞留控制、土壤保持、土壤形成、营养元素循环、废物处理、授粉、生物量控制、栖息地、食物生产、原材料生产、基因资源、娱乐和文化。

欧阳志云和王如松(2000)总结概括了八大生态系统服务功能:有机质与生态系统产品生产、生物多样性产生与维持、气候调节、洪涝与干旱灾害减轻、土壤肥力更新与维持、传粉与种子扩散、有害生物控制、环境净化。

Krutilla(1967)从总体上将生态系统服务功能分为三大类:生活与生产物质的

提供、生命支持系统的维持以及精神生活的享受。第一类是生态系统通过第一性生产与第二性生产为人类提供的直接商品或是将来有可能形成商品的部分，如食物、木材、燃料、工业原料、药品等人类所必需的产品；第二类是易被人们忽视的支撑与维持人类生存环境和生命支持系统的功能，如生物多样性、气候调节、传粉与种子扩散等；第三类是生态系统为人类提供娱乐消闲与美学享受，如登山、野游、渔猎、漂流、划船、滑雪等。

千年生态系统评估(Millennium Ecosystem Assessment)工作组(2003)把生态系统服务功能分为产品提供功能、调节功能、文化功能和支持功能。生态系统的产品提供功能包括提供农业产品、提供原材料和提供淡水资源等；生态系统的调节功能包括涵养水源、固定 CO_2、释放 O_2、净化环境等；生态系统的文化功能包括旅游、文化科研等；生态系统的支持功能包括土壤保持、提供生物栖息地等。

虽然人类对生态系统服务功能的研究才刚刚起步，但是我们的祖先早已意识到了生态系统对人类社会发展的支持作用。早在古希腊，柏拉图就认识到雅典人对森林的破坏导致了水土流失和水井的干涸。在中国，风水林的建立与保护也反映了人们对森林保护村庄与居住环境作用的认识。Vogt(1948)首次提出了自然资本的概念，他在讨论国家债务时指出：我们耗竭自然资源(尤其土壤)资本，就会降低我们偿还债务的能力。自 20 世纪 70 年代以来，生态系统服务功能开始成为一个科学术语及生态学与生态经济学研究的分支。1970 年联合国大学 (United Nations University)发表的《人类对全球环境的影响报告》中首次提出生态系统服务功能的概念，同时列举了生态系统对人类的环境服务功能(SCEP, 1970)。之后，Holder 和 Ehrlich(1974)、Westman (1977)等进行了早期较有影响的研究，他们先后进行了全球环境服务功能、自然服务功能的研究，指出生物多样性的丧失将直接影响生态系统服务功能。Holder 和 Ehrlich(1974)论述了生态系统在土壤肥力与基因库维持中的作用，并系统地讨论了生物多样性的丧失将会怎样影响生态服务功能，以及能否用先进的科学技术来替代自然生态系统的服务功能等问题，并认为生态系统服务功能丧失的快慢取决于生物多样性丧失的速度，企图通过其他手段替代已丧失的生态系统服务功能的尝试是昂贵的，而且从长远的观点来看是失败的。20 世纪 70 年代就有学者开始了生态系统服务价值的研究。1991 年后，关于生物多样性和生态系统服务价值评估方法的研究和探索逐渐增多。20 世纪 90 年代后期取得了突破性进展，其中以 Costanza 等(1997)在 *Nature* 上发表的有关全球生态系统价值的论文最为引人注目，对生态系统服务价值评估研究产生了深远影响。生态系统服务价值的研究逐渐成为生态学研究的一个热点问题。近年来，国际上对生态系统服务功能的研究十分重视，生态学家、生态经济学家及其他相关领域的科学家共同合作，从生态系统过程、生态服务功能及其生态经济价值多个方面开展综合研究，不断充实和丰富生态系统服务功能的内涵，探索其评价技术及生态经济价值的评估方法。国际科学联合会环境委员会于 1991 年组织了一次会议，主要讨论怎样开展生物多样性的定量研究，促进了生物多样性与生态系统服务功能关系的研究与发展以及生态系统服务功能经济价值评估方法的发展，并使这一课题逐渐成为生态学研究的新热点。美国生态学会组织了以 Gretchen Daily 负责的研究小组，对生态系统服务功能进行了系统的研究，并且形成了能反映当时这一课题研究最新进展的论文集。Costanza 等 13 位科学家的研究(1997)认为全球生态系统服务的价值为(16～54)万亿美元•a^{-1}，平均为 33 万亿美元•a^{-1}。Stephen(1984)尝试运用损益方法评估环境资源价值。Loomis(1986)则用费用效益分析的方法对野生生物和环境价值进行了评价，并对其现状进行了详细的分析。Sutton 等(2002)研究了全球生态系统的市场价值和非市场价值及其与世界各国 GDP 的关系。Gren 等(1995)对欧洲多瑙河流域经济价值进行了评估。Turner 等(2000)对湿地经济价值评估及管理做了大量工作。Hanley 等(1993)对森林景观和娱乐价值进行了评价。Lal(2003)研究了太平洋沿岸海洋红树林价值及其对环境决策制定的意义。Jakobsson 等(1996)采用条件价值评估方法对澳大利亚维多利亚州所有濒危物种的价值进行了评估。Bandara 等(2004)讨论了斯里兰卡亚洲象保护的净效益及其政策含义。英国著名经济学家皮尔斯(Pearce D W)与其他学者合作出版了以《生物多样性的经济价值》(Pearce et al.，1994)和《绿色经济蓝皮书》为代表的蓝图系列丛书(Pearce，1989；1993；1995)等多部著作，揭示了生物多样性的巨大价值，并尝试着为其定价以及研究如何利用市场来实现这些价值。Pimentel 等(1995)研究报道，全球仅水土流失导致水库淤积所造成的损失约 60 亿美元；同时，对国际上有关自然资本与生态系统服务价值的研究结果进行了汇总分析，并与 Costanza 等(1999)的研究结果进行了对比研究。联合国千年生态系统评估工作组开展的全球尺度和 33 个区域尺度的"生态系统与人类福利"研究，是目前规模最大的评估工作(2003)。

在我国，生态系统服务功能研究起步较晚。张嘉宾(1986)利用影子工程法、替代费用法估算云南省怒江州福贡等县的森林固持土壤功能和涵养水源功能的价值。侯元兆等(1995)对我国森林资源涵养水源、保育土壤、固碳供氧等三个方面的经济价值进行了估算。欧阳志云等(1999)研究了生态系统服务功能及其生态经济价值评价，系统地分析了生态系统服务功能研究进展与趋势，初步探讨了生态系统服务功能价值的评估方法，但没有对具体的生态系统服务功能效益进行定量评价。肖寒等(2000)使用市场价值、影子工程、机会成本和替代花费等方法评价了海南岛尖峰岭地区热带森林生态系统服务功能的生态经济价值，结果表明，在尖峰岭地区，面积为 44 667.00hm² 的热带森林生态系统服务功能价值平均每年为 66 438.49 万元，其中林产品价值为 7164. 11 万元，涵养水源价值为 39 429.21 万元，保持土壤减少侵蚀价值为 247.26 万元，固定 CO_2 减轻温室效应的价值为 1316.24 万元，营养物循环价值为 428.55 万元，净化空气的价值为 17 853.12 万元。辛琨和肖笃宁(2002)对盘锦地区湿地生态系统服务功能价值进行了估算。徐中民等(2002)对额济纳旗生态系统恢复的总经济价值进行了评估。姜文来(2003)对森林蓄水和调节径流量的价值核算方法进行了研究，并总结出涵养水源功能价值核算的模糊数学模型。蔡守华等(2008)将小流域生态系统服务功能分为产品提供功能、调节功能、文化功能和支持系统功能，系统阐述了小流域生态系统各项服务功能与价值的估算方法。许田等(2008)基于2001年纵向岭谷区的遥感影像，将研究区划分为森林、草地、农田、湿地、水体、城镇、冰川 7 个一级景观类型，根据气候带、植被及地貌划分了 26 个二级景观类型，并利用中国陆地生态系统服务价值的研究成果，在 GIS 技术的支持下，对纵向岭谷区各景观类型的服务价值进行了研究。谢贤政等(2006)应用旅行费用法评估了黄山风景区游憩价值。李俊梅等(2007)以云南西双版纳勐腊自然保护区为例，引用多年森林生态系统定位研究结果，参照森林资源调查、水利、气象等部门提供的有关数据估算了该自然保护区主要生态系统服务效益为 34.41×10^8 元·a^{-1}。陈鹏(2006)对厦门湿地生态系统服务功能价值进行了评估。虞依娜等(2007)从土壤保持单项服务功能对退化生态系统的生态恢复经济价值进行了动态评估。虞依娜等(2009)以广东小良退化生态系统为研究案例，对其恢复过程中的生态经济价值进行动态评估。朱芸等(2009)用旅行费用法评估昆明大观公园生态系统景观服务价值。李跃峰等(2010)用旅行费用法评估樱花对昆明动物园游憩价值的影响。

生态系统在不同的空间单元具有不同的生态调节功能(欧阳志云等，2004)，这也导致了生态系统价值的不同。在我国，大尺度生态系统的价值评估占主流，加强中小尺度生态系统的价值评估是未来的一个重要方向(赵军和杨凯，2007)。城市河流是城市化进程中的稀缺资源(张凤玲等，2005)，包括自然形成或人工开挖的流经城市区域的运河、河流、渠道(含暗渠)和市区湖泊与水库(贺桂珍等，2007)，属于城市水生态系统的组成部分，提供休闲娱乐、净化空气、防洪排涝、野生生物生境等生态系统服务，在城市环境中具有特殊的景观生态学意义(阎水玉等，1999)。城市河流生态系统作为单个中小尺度的生态系统，其服务价值的评估是环境经济学、统计学结合社会发展所面临的环境问题而出现的研究热点，是建立和实施生态补偿体系的基础工作(徐大伟等，2007；刘治国和李国平，2006)。

　　近年国内外针对河流生态系统服务已从不同角度展开了一些研究。Loomis 等(2000)对美国 Platte River 河流生态系统总经济价值进行了评价。魏国良等(2008)探讨了水电开发对河流生态系统服务功能影响的机理及途径，建立了评价指标体系和评估方法，并以澜沧江漫湾水电站为对象进行了案例研究，结果表明，漫湾水电工程建设对河流生态系统服务功能正面影响的价值增量为 11.30×10^8 元·a^{-1}，负面影响的价值损失为 3.27×10^8 元·a^{-1}。张志强等(2002，2004)对黑河流域进行了生态系统恢复的价值分析，研究过程中较多使用了支付卡问卷。王寿兵等(2003)以上海苏州河为实例介绍了条件价值法(CVM)的理论框架，并用此法评估了上海苏州河景观服务功能的价值，结果表明，苏州河市区段在达到 2010 年环境综合整治目标后，每年可提供约 10.5 亿元的景观服务价值。徐中民等(2003)以黑河流域额济纳旗生态系统恢复为研究对象，调查分析了黑河流域居民对额济纳旗生态系统服务恢复的支付意愿。蔡庆华等(2003)指出了当前淡水生态系统服务研究的不足，认为淡水生态系统服务的正常发挥离不开一个健康的生态系统，但少有将两者结合的综合研究，而这样的研究又是必要的，故尝试建立能普适于淡水生态系统服务功能评价的完整指标体系及其方法，并将生态系统服务功能与生态系统健康指数相结合，以期为相关研究提供借鉴。赵军和杨凯(2004)用 CVM 对上海城市内河生态系统服务价值进行了评估。赵军等(2005)以上海浦东张家浜为例，采用支付卡式 CVM 研究方法，对该城市河流生态系统服务的支付意愿进行了分析，获得张家浜生态系统服务的平均支付意愿为 195 107～253 104 元/(a·户)。张翼飞和刘宇辉(2007)基于上海城市内河水质改善价值评估作了实证分析，用CVM 法评价了上海市城市景观内河——漕河泾港的生态恢复的产出，结果表明：平均支付意愿是 160 元/(a·户)，改善漕河泾水环境的年经济效益至少在 6.1×10^6元。贺桂珍等(2007)将江苏省无锡市五里湖作为假想市场，以无锡市当地居民和来此旅游的游客为调查对象，利用问卷调查方式针对五里湖环境改善前后公众的满意度、受访者的旅游支付意愿等进行调查分析，对 452 位受访者调查结果显示，受访者对于五里湖环境改善后的满意度确有显著提高；环境改善后受访者的旅游支付意愿为89.1元(总支付金额22 275万元)，与改善前的支付意愿22.6元(总支付金额5650万元)相比有较大提高。赖瑾瑾和刘雪华(2008)在实地调研的基础上，建立了一套河道断流对区域社会-经济-自然复合生态系统发展造成的综合损失的定量评估方法体系，从社会-经济系统的年度产值损失、用于治理断流河道的年度恢复费用、断流河道非使用价值的年度损失三个方面，评价潮白河顺义段断流对研究区域造成的生态损失，研究结果表明，潮白河顺义段断流对研究区域复合生态系统造成的年度生态损失达8786.5万元，1995~2005年的10年间生态损失总值达87 865万元。卫立冬(2008)对居民为改善城市河流黑臭现象的支付意愿进行了研究。

从上述研究者的研究案例来看，在对生态系统服务价值研究的基础上，我国近年有不少城市运用条件价值评估法(CVM)对城市河流生态系统服务价值进行了实例研究，研究方法可靠，逐渐趋于成熟。条件价值评估法即利用效用最大化原理，在假想模拟市场的情况下，通过直接调查和询问人们对某一特定环境质量改善或资源保护措施的支付意愿(WTP)或者对环境或资源质量损失的接受赔偿意愿(willingness to accept，WTA)，来估计环境或资源的非使用价值大小，它在生态环境公共决策方面具有广阔的应用前景和实际价值(Turner et al.，2003)。

1.3　本书主要内容

健康的城市河流生态系统是城市可持续发展的重要标志。本书以昆明市盘龙江为例，研究城市河流生态系统健康状况及生态系统景观服务价值问题，正确评价城市河流生态系统健康状况，明确影响城市河流生态系统健康的限制因素，提出生态修复的对策建议，保持河流健康发展，引导可持续发展的河流管理；同时，进一步对城市河流综合整治后的生态系统景观服务价值进行评估，以货币的形式反映出其生态健康、生态系统景观服务改善的效益，并对支付意愿与社会经济等特征(如年龄、收入、受教育程度)进行相关性分析，从社会经济特征的角度提出维持河流生态健康及生态系统景观服务改善的建议，有助于政府做出更为合理的社会决策。

本书有助于丰富和完善河流健康评价方法和指标体系研究，便于指导对城市河流做长期的监测，定期提供河流健康现状、变化及趋势的状态报告，及时做出规划和决策，以调整河流生态修复的规划和设计，确定河流恢复的目标，评价河流恢复的有效性，研究评价方法可推广应用于其他城市河流的健康评价，为政府开展城市河流整治及生态修复提供决策依据。

评价河流健康状况的方法有很多。综合指标评价方法是根据河流生态系统的特征及其社会功能建立指标体系，从而可以综合评价河流的健康状况，这种方法既能反映河流的总体健康水平和社会功能水平，又可以反映出生态系统健康变化的趋势，是一种比较全面的评价方法。

本书采用综合指标评价法，将河流结构和功能的自然属性和社会属性结合起来，选用能够表征城市河流生态系统主要特征和功能的指标，包括水质特征、生物指标、河流水文、河道指标、河岸带和社会指标 6 个方面，共 20 个指标，建立城市河流生态系统健康评价综合指标体系，确定评价标准，采用层次分析法确定各级指标的权重，构建层次综合评价模型，以昆明城市河流盘龙江为例进行实证研究，评价其生态系统健康状况，明确影响城市河流生态系统健康的限制因素，提出河流生态健康改善和生态修复的对策建议。进一步采用条件价值评估法（CVM），以面对面的问卷调查形式，询问公众对盘龙江综合整治后生态健康及生态系统景观服务改善的支付意愿（WTP），对盘龙江生态系统景观服务价值进行评估，以货币的形式反映出其生态系统景观服务改善的生态效益，并分析支付意愿与社会经济特征的相关性，从社会经济特征的角度提出维持河流生态健康及生态系统景观服务改善的建议，对维持河流健康发展有积极作用。另外，研究了居民是否回答过调查问卷对支付意愿的影响，为进一步完善和推广 CVM 法提供参考。

归纳起来，主要内容有：

（1）建立完善城市河流生态系统健康评价综合指标体系与评价模型。即筛选指标，建立指标体系，确定评价标准，采用层次分析法确定各级指标的权重，构建层次综合评价模型。

（2）以昆明城市河流盘龙江为例进行实证研究。评价城市河流盘龙江生态系统健康状况，明确影响其生态系统健康的限制因素，提出河流生态修复的对策建议。

（3）评估昆明市盘龙江生态系统景观服务价值。即通过调查人们对盘龙江综合整治后河流生态健康及生态系统景观服务改善的支付意愿，对其生态系统景观服务价值进行评估，以货币的形式反映出盘龙江生态健康及生态系统景观服务改善的生态效益，为昆明市政府治理盘龙江的决策提供理论依据。

　　(4)支付意愿与社会经济等特征(如年龄、收入、受教育程度)相关性分析。分析支付意愿与社会经济等特征(如年龄、收入、受教育程度)的相关性，从社会经济特征的角度提出维持河流生态健康及生态系统景观服务改善的建议。

　　技术路线如图1-2所示。

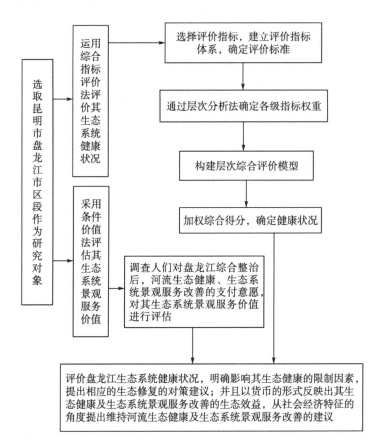

图 1-2　研究技术路线图

第 2 章　城市河流生态系统健康评价

2.1　引　　言

河流管理的目标就是让河流在长期的自然演变以及人类活动的干扰下依然能维持结构和功能的完整，保证各项生态和自然功能的良好发挥。而河流健康是河流结构和自然功能正常发挥的前提。因此，健康的城市河流生态系统是城市河流管理的主要目标，正确评价城市河流生态系统健康是实现城市河流生态系统可持续发展的重要步骤。

河流健康评价方法从评价原理上归纳为 2 类(庞治国等，2006)：预测模型方法，如 RIVPACS(Sheila et al.，2008)和 AUSRIVAS(Smith et al.，1999；Simpson et al.，1999)等；多指标评价法(也称综合指标评价法，该法在美国以及澳大利亚得到广泛应用)，如澳大利亚的 ISC、瑞典的 RCE(Robert et al.，1992)、生物完整性指数(IBI)(Karr，1981)等。RIVPACS 和 AUSRIVAS 具有一定的局限性，而 ISC、RCE、IBI 各有其特点和局限性。

本书采用综合指标评价法，基于 ISC 原有的 5 个方面的评价内容，增加了公众态度、河流管理、防洪安全等社会指标；并在此基础上，对评价指标进行筛选，做了一些调整、补充和归类，选用能够表征城市河流生态系统主要特征和功能的指标，包括水质特征、生物指标、河流水文、河道指标、河岸带和社会指标 6 个方面，共 20 个指标，建立城市河流生态系统健康评价综合指标体系；确定评价标准；采用层次分析法确定各级指标的权重，构建层次综合评价模型。以昆明城市河流盘龙江为例进行实证研究，评价其健康状况，以明确影响城市河流生态系统健康的限制因素，从而提出昆明市盘龙江生态修复的对策及建议，为城市河流生态修复与建设活动的开展以及政府管理和确定治理方案提供科学决策依据，使城市河流生态系统健康发展，以期实现经济社会及环境的可持续发展。

2.2 研究区域与方法

2.2.1 研究区域

以昆明城市河流盘龙江为研究区域，选取盘龙江 4 个样点作为评价对象：从上游往下游依次为样点①盘龙江上段——农科院大桥以北约 500m 处（位于 N 25°07′38.50″，E 102°45′40.26″）；样点②盘龙江中段——罗丈村桥以南约 200m 处（位于 N 25°07′38.50″，E 102°45′40.26″）；样点③盘龙江中段——张官营闸以北约 100m 处（位于 N 25°04′06.99″，E 102°42′50.22″）；样点④盘龙江下段——广福路公路桥以北约 500m 处（位于 N 24°58′59.33″，E 102°42′55.20″）。选取紧靠盘龙江松华坝水库大坝下的河流自然状态为参照，本研究中，参照点：松华坝水库大坝下渗水出口处（位于 N 25°08′12.58″，E 102°46′50.00″）。具体位置见图 2-1。

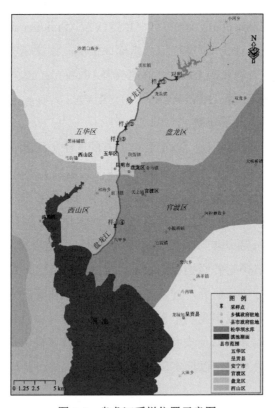

图 2-1 盘龙江采样位置示意图

　　本研究是在昆明市盘龙江综合整治初步完成，基本形成长效管理机制的情况下，研究小组于 2010 年 9 月～2011 年 8 月对盘龙江进行生态调查和水质[氨氮(NH_3-N)、总磷(TP)、总氮(TN)、化学需氧量(COD_{Cr})、溶解氧(DO)]的逐月监测，从调查结果和监测数据来看，盘龙江水质、生物、河道、河岸带等指标状况趋于稳定。在此基础上，于 2011 年 4 月收集相关数据，对其健康状况进行了初步评价。

　　本次研究数据的调查采集时间为 2011 年 4 月 12 日，其中叶绿素 a、TP、浊度、COD_{Cr} 的数据通过分别取参照点及 4 个样点的水样送昆明市城市排水监测站测定获得，其他数据(如溶解氧等)是用相关仪器，采用相应的方法实地测定获得。根据与 2010 年 9 月～2011 年 8 月对盘龙江水质的逐月监测数据对比来看(监测方法相同)，本次收集到的数据真实可靠，本次研究也将是今后进一步开展研究工作的参考和基础。

　　参照点及 4 个样点的基本特征情况见表 2-1。其中沉水植物常见物种有黑藻 (*Hydrilla verticillata*)，金鱼藻 (*Ceratophyllum demersum*)，红线草，又名篦齿眼子菜 (*Potamogeton pectinatus*) 和水绵 (*Spirogyra*) 等。

表 2-1　参照点及 4 个样点的基本特征情况

	参照	样点①	样点②	样点③	样点④
具体位置	松华坝水库大坝下渗水出口处	农科院大桥以北约 500 m 处	罗丈村桥以南约 200 m 处	张官营闸以北约 100 m 处	广福路公路桥以北约 500m 处
坐标	N 25°08′12.58″ E 102°46′ 50.00″	N 25°07′38.50″ E 102°45′40.26″	N 25°07′38.50″ E 102°45′40.26″	N 25°04′06.99″ E 102°42′50.22″	N 24°58′59.33″ E 102°42′55.20″
两岸河岸环境特征	周边河岸自然状态	两岸草坡、桉树，紧靠近公路，有植被覆盖的自然土质护岸	周边绿化带，两岸草坡、桉树，有乔木灌木和草本，植被覆盖的自然土质护岸	周边绿化带，两岸桉树，有乔木灌木和草本(密集程度同样点②)，护岸形式*	两岸桉树，河滨公园，有乔木灌木和草本(较样点②和样点③密集)，护岸形式*
河岸缓冲带宽度/m	—	无河岸缓冲带	7.40	9.45	19.10
河宽/m	—	33.10	20.00	20.6	19.30
水深/m	—	0.40	0.70	0.60	2.10
透明度/m	清澈见底	0.40	0.70	0.60	0.60
沉水植物种类	—	黑藻、金鱼藻、水绵	黑藻、金鱼藻、红线草，且长势好	黑藻、金鱼藻、红线草(长势较好)	少量红线草
底质情况	—	沙砾	沙砾	泥沙	泥沙

　　注: *样点③和样点④的护岸形式接近近自然的斜坡式生态护岸与亲水平台(或少植被护岸)之间，样点④优于样点③。

2.2.2　研究方法

本书以城市河流盘龙江为例，在借鉴众多评价案例的基础上，结合盘龙江的实际情况，采用综合指标评价法，构建城市河流生态系统健康评价体系，评价盘龙江生态系统健康状况。评价工作首先是选用能够表征城市河流生态系统主要特征和功能的指标，构建一套盘龙江健康评价指标体系，确定一级综合指标和各二级指标，以反映盘龙江生态系统健康的总体特征；然后结合盘龙江实际情况，确定评价标准；测量指标值，收集相关数据，并标准化指标值；采用层次分析法确定一级指标和各二级指标权重值，构建层次综合评价模型，进行加权求和确定一级综合指标的最终分值；根据评价标准，确定盘龙江生态系统健康状况，揭示其健康发展的规律，明确影响其生态系统健康的限制因素，从而提出其生态健康修复的目标、对策及建议。技术路线如图 2-2 所示。

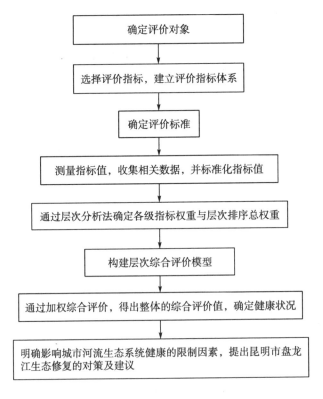

图 2-2　城市河流健康评价技术路线图

2.2.2.1　评价指标体系

河流生态系统健康是一个生态价值与人类价值相统一的极具整合性的概念，健康的城市河流生态系统可以保证城市发展与生态保护相协调，应具备生态学意义上的完整性及服务于社会的功能。选用能够表征城市河流生态系统主要特征和功能的指标，并对这些指标进行归类区分，建立评价指标体系。

如何建立完善、合理的评价指标体系，是河流健康评价的关键问题。建立河流健康评价指标体系即通过选择合理的度量指标，用以反映和衡量河流所处的健康状态，分析和判别影响河流健康的因素，从而为河流的可持续发展提供科学依据(高永胜等，2007)。河流健康状况评价指标涉及水文学、生态学、经济学等多个学科和领域，需要满足一定的条件和原则才能选用，评价指标的选取必须满足三个目标：①能完整地反映河流结构和功能现状，能够准确描述河流健康所处的现状；②可以反映河流系统的结构和功能现状及人类活动对其产生的影响情况以及影响河流健康的原因；③可以用来做长期的监测，以便定期地为河流管理决策、科学研究及公众要求等提供河流健康现状、变化及趋势的状态报告，以便及时做出规划和决策(李肖强和侯全亮，2007)。评价指标的选取应遵循的指导原则有：①科学性和整体性原则。河流健康评价指标能较好地反映健康河流的基本特征，度量河流健康状况水平，围绕评价目标，从众多影响河流健康状况的指标中，提取能全面概括河流结构和功能的特征和现状，并可衡量系统整体效应的指标。②代表性和规范性原则。评价指标应有代表性，可以综合反映河流结构和功能的主要性状，同时必须规范。③层次性原则。河流健康状况包括河流自然条件、生态环境以及人类活动等多个方面，采用分层方法可以降低复杂程度，从各层次多角度详细全面地判定河流健康的现状，评价更全面、更客观。④因地制宜原则。各个河流自然条件不同，所处区域经济发展水平各异，所以，选择评价指标必须经过实地调查，根据河流的实际情况筛选指标。⑤简明性和可操作性原则。所选指标的测定尽量简便，可操作性强，考虑到数据可获得性的难易程度，评价指标的数据应尽量便于统计和计算，同时，评价指标应易于表征，便于公众掌握和理解。

本书在借鉴国内外专家学者的相关研究(Ladson et al.，1999；王琳等，2007；尤洋等，2009)基础上，采用综合指标评价法，建立评价指标体系。结合昆明市盘龙江研究区域的实际情况，将河流结构和功能的自然属性和社会属性结合起来，根据上述指标选取原则，特别是指标选择的可操作性和可获得性原则，基于

ISC(Ladson et al.，1999)原有的河流水文、形态特征、河岸带状况、水质及水生生物 5 个方面的评价内容，增加了公众态度、河流管理、防洪安全等社会指标。在此基础上，对评价指标进行筛选，做了一些调整、补充和归类，选用能够表征城市河流生态系统主要特征和功能的指标，包括水质特征、生物指标、河流水文、河道指标、河岸带和社会指标 6 个方面，共 20 个指标，建立城市河流生态系统健康评价综合指标体系(表 2-2)。

表 2-2　城市河流生态系统健康评价的综合指标体系

一级指标	二级指标	表征的涵义
水质特征	叶绿素 a	表征河流水体中藻类的数量及水体富营养化程度，以郊区自然河流为参照
	总磷	表征河流水体的营养丰富程度，以郊区自然河流为参照
	浊度	表征河流水体的清澈状况和对人视觉形成的冲击，以郊区自然河流为参照
	化学需氧量	表征城市河流水体被污染的程度，以郊区自然河流为参照
	溶解氧	表征水体中水生生物的生存条件，以郊区自然河流为参照
生物指标	底栖无脊椎动物 G.B.I	底栖动物群落的结构组成及数量变化等能较好地反映河段生境条件的变化及河流水体受污染程度，以此来评价污染状况
河流水文	水深	表征河流流态结构是否适合鱼类生存
	流速	表征城市化对河流流速的影响以及流速变化对河流生境、生物等的影响
	流量	表征河流是否保持了其自然的状态
河道指标	河道自然度	表征人类活动对河流形态结构的改变
	河道弯曲程度	表征河道的弯曲程度，从而评估河流的生境状况
	河床稳定性	表征是否存在明显退化或河床淤积严重等问题
河岸带	河岸缓冲带宽度	表征河流两岸植被缓冲带的宽度(两岸缓冲带的平均宽度)
	植被结构完整性	表征河岸缓冲带中乔木、灌木以及草本的密集程度是否保持了自然的状况
	纵向连续性	表征影响河岸带区域的物质能量输送、野生生物的移动以及景观效果的发挥
	河岸稳定性	表征河岸抗冲击的程度，并且在一定程度上反映人类活动对河岸环境的影响
	护岸形式	对比评价目前护岸形式与自然状态下护岸形式的差异
社会指标	公众态度	最直接地反映城市河流环境的被接受程度及其与人类的和谐程度
	河道管理	是河流生态系统功能改善和维持的保障，表征河道综合管理效果
	防洪安全	表征两岸居民生命与财产得到安全保障的程度

注：本表参考 Ladson 等(1999)、王琳等(2007)、尤洋等(2009)等。

指标的筛选过程是评价工作的一个关键步骤。ISC 法(Ladson et al.，1999)选用总磷(TP)、浊度、电导率和 pH 作为水质指标的二级指标，并且给出了对应的评价等级标准。本书结合昆明市盘龙江研究区域的实际情况，盘龙江是城市河流，容易受周围环境及人类活动的影响，容易受污染，而考虑到叶绿素 a 是所有藻类的主要光合色素，因此把它作为最具代表性和测定简便的藻类现存量指标，分析其含量与动态可以了解生物量状况及变化趋势。叶绿素 a 可表征河流水体中藻类的数量及水体富营养化程度(水体中叶绿素 a 含量高，水体富营养化程度高，水质差，参见表 2-3)；化学需氧量可表征城市河流水体被污染的程度(水体中化学需氧量含量高，表示水体受污染程度严重，水质差，参见表 2-3)；溶解氧可表征水体中水生生物的生存条件(水体中溶解氧含量高，水生生物的生存条件好，水质好，参见表 2-3)；总磷可表征河流水体的营养丰富程度(水体中总磷含量低，水体营养丰富程度低，水体受污染程度小，水质好，参见表 2-3)；浊度可表征河流水体的清澈状况和对人视觉形成的冲击(浊度数值小，水质清澈，参见表 2-6)，于是选用叶绿素a、总磷、浊度、化学需氧量(COD$_{cr}$)、溶解氧(DO)作为水质指标的二级指标。ISC 法(Ladson et al.，1999)选用大型无脊椎动物(stream invertebrate grade number average level，SIGNAL)作为生物指标的二级指标；王琳等(2007)选用浮游藻类 (Shannon-wiener 指数)和底栖无脊椎动物 Goodnight 修正指数(G.B.I)作为生物指标的二级指标。本书针对昆明市盘龙江的实际情况，根据指标选择的可操作性和可获得性原则，考虑到叶绿素 a 可表征河流水体中藻类的数量及水体富营养化程度，所以只选用了底栖无脊椎动物 G.B.I 作为生物指标的二级指标。王丽珍等(2007)对滇池底栖无脊椎动物群落结构及水质评价的研究结果，可作为该指标的研究基础。底栖动物不仅稳定，而且是指示生物，水体受到污染后，生物的数量和种类发生变化，而底栖动物可以稳定地反映这种变化，可以应用其群落结构变化来评价污染。河流水文指标借鉴王琳等(2007)的研究，选用水深、流速、流量作为其二级指标。这也是结合盘龙江的实际情况，这三个指标测定简便，容易操作，数据容易获得，而且研究小组于 2010 年 9 月～2011 年 8 月对盘龙江进行生态调查和水质监测中，对这三个指标进行了逐月监测，有一定工作基础。以水深表征河流流态结构是否适合鱼类生存，流速表征城市化对河流流速的影响以及流速变化对河流生境、生物等的影响，流量表征河流是否保持了其自然的状态，评价河流健康状况。河道指标借鉴了 Ladson 等(1999)、王琳等(2007)、尤洋等(2009)的研究，并做了调整，选用河道自然度、河道弯曲程度、河床稳定性作为其二级指标，以河道自然度表征人类活动对其形态结构的改变情况，河道弯曲程度来表征河道的弯曲程度(根据河道的弯曲程度来评估河流的生境状况：河流"曲折蜿蜒"的形状是许多生物赖以生存的自然特征，河流弯曲程度大，则河流的生境状况好；河流"直线化"，则河流的生境状况差)，河床稳定性表征河床是否存在明显退化或河床淤积严重等问题。河岸带指标借鉴了 Ladson 等(1999)、尤洋等(2009)的研究，并做了调整，选用河岸缓冲带宽度、植被结构完整性、纵向连续性、河岸稳定性、护岸形式作为其二级指标。河岸缓冲带宽度可表征河流两岸植被缓冲带的宽度(两岸的平均宽度)。植被结构完整性可表征河岸缓冲带中乔木、灌木以及草本的密集程度是否保持了自然的状况。纵向连续性可表征影响河岸带区域的物质能量输送、野生生物的移动以及景观效果的发挥等，结合盘龙江的实际情况，主要考虑景观效果的发挥，河岸带区域的景观状况一般有以下几种情况：景观美学价值较高，两岸绿化良好，有众多的观光、休憩者；景观具有一定的美学价值和观光旅游价值；景观状况一般，美学价值不高，河岸游玩者不多；景观美学价值较低，绿化较差，鲜有游玩观光者；景观状况很差，几乎没有绿化，无观光旅游者。河岸稳定性能表征河岸抗冲击的程度，并且在一定程度上反映人类活动对河岸环境的影响。护岸形式一般有以下几种情况：有植被覆盖的自然土质护岸(为自然状态下护岸形式)、近自然的斜坡式生态护岸、亲水平台护岸或少植被护岸、台阶式人工护岸或浆砌块石护岸、直立式钢筋混凝土护岸。护岸形式可以根据对比目前护岸形式与自然状态下护岸形式的差异来评价。关于社会指标的选择，借鉴王琳等(2007)的研究，选用公众态度、河道管理、防洪安全作为其二级指标。其中，公众态度最直接地反映城市河流环境的被接受程度及其与人类的和谐程度；河道管理是河流生态系统功能改善和维持的保障，表征河道综合管理效果；防洪安全可以表征两岸居民生命与财产得到安全保障的程度。

最后，选用包括水质特征、生物指标、河流水文、河道指标、河岸带和社会指标 6 个方面，共 20 个指标，建立城市河流生态系统健康评价综合指标体系(表 2-2)。

2.2.2.2　评价标准

以与河流自然状态的接近程度为标准，采用定量计算与定性描述相结合的方法，确定指标的 5 级分值评价标准，分值分别为 0、1、2、3、4(Ladson et al., 1999)。被污染和改变的程度越小或越接近自然状态，则该指标的分值越高；反之分值越低。各具体指标评分由实测指标，公众参与，专家评判，借鉴有关历史资料、相关研究成果与国家适用标准，且测量数据标准化，转化为 0~4 的得分来完成。将评价标准的 5 级分值阈(4~3)、(3~2)、(2~1)、(1~0)、0 分别解读为很健康、健康、亚健康、不健康、病态 5 种河流健康状态(王琳等,2007)。

2.2.2.3 指标数据收集与处理

定量指标(包括水质特征指标、河流水文指标、生物指标、河岸缓冲带宽度):实测指标值并标准化指标,即测量数据标准化,转化为 0~4 的得分(其中,水文指标标准化采用定量和定性相结合考虑)。

实测值标准化公式:

$$x = \frac{I_{\max} - I_{实测值}}{I_{\max} - I_{\min}} \times 4 \tag{2-1}$$

其中,$I_{\max}$ 表示污染最严重状态指标值(用V类水标准,见表 2-3,其标准化值为 0);$I_{\min}$ 表示自然状态(参照)指标值(其标准化值为 4,该案例参照点选松华坝下渗水出口处,根据昆明市环保局的水质监测,参考本次监测数据,该处水质接近Ⅲ类水);$I_{实测值}$ 表示实测值;x 表示实测值标准化值(计算结果为负数时,其标准化值当作 0 看待,即代表"病态";计算结果>4 时,其标准化值当作 4 看待,即代表"很健康")。

测量指标值可通过水质监测、生物指标监测、水文指标监测、用皮尺实地测量河宽和河岸缓冲带宽度等实验手段获得。

其中,水质指标(叶绿素 a、总磷、浊度、化学需氧量、溶解氧)测定参考《水和废水监测分析方法》(国家环境保护总局,水和废水监测分析方法编委会,2002):

叶绿素 a:分光光度法测定;

总磷(TP):钼酸铵分光光度法(GB/T 11893—89)测定;

浊度:分光光度法测定(与 GB13200—91 等效);

化学需氧量(COD$_{Cr}$):重铬酸钾法(GB/T11914—89)测定;

溶解氧(DO):用 HANNA 微电脑便携式溶氧仪(H19143)现场直接读数测定。

表 2-3 地表水环境质量标准几个项目标准限值 (单位:mg/L)

序号	项目		I 类	II类	III类	IV类	V类
1	溶解氧(DO)	≥	饱和率 90%(或 7.500)	6.000	5.000	3.000	2.000
2	化学需氧量(COD$_{Cr}$)	≤	15.000 以下	15.000	20.000	30.000	40.000
3	氨氮(NH$_3$-N)	≤	0.150	0.500	1.000	1.500	2.000

续表

序号	项目		I 类	II 类	III 类	IV 类	V 类
4	总磷（以 P 计）	≤	0.020（湖、库 0.010）	0.100（湖、库 0.025）	0.200（湖、库 0.050）	0.300（湖、库 0.100）	0.400（湖、库 0.200）
5	总氮（湖、库以 N 计）	≤	0.200	0.500	1.000	1.500	2.000
6	叶绿素 a*	≤	0.002	0.010	0.020	0.040	0.060

引自：地表水环境质量标准(GB 3838—2002)；*其中叶绿素 a 标准参考王立前和张榆霞(2006)。

水文指标(水深、流速、河宽、流量)测定。水深：用标杆直接测定；流速：用旋杯式流速仪直接读数测定；河宽：用皮尺实地测量；流量：根据河宽、水深和流速计算得到，即流量=河宽×水深×流速。

生物指标(底栖无脊椎动物)测定：用采样计数的方法统计样品中底栖动物和寡毛类的个体数。底栖动物不仅稳定，而且是指示生物，水体受到污染后，生物的数量和种类发生变化，而底栖动物可以稳定地反映这种变化，可以应用其群落结构变化来评价污染。江河水系底栖动物采用 Goodnight 修订指数法(宋力敏，2013；赵旭，2006)进行评价。

Goodnight 修订指数法公式如下：

$$G.B.I = \frac{N - Noli}{N} \tag{2-2}$$

式中，G.B.I 为 Goodnight 修正指数；N 为样品中底栖动物，如水蚯蚓(*Oligochaeta*)、螺蛳(*Margarya melanioides*)、河蚬(*Corbicula fluminea*)、虾(*Macrobrachium nipponensis*)、河蟹(*Eriocheir sinensis*)和水蛭(*Hirude nipponica Whitman*)等个体总数；Noli 为样品中寡毛类，如水蚯蚓个体总数。参考标准见表 2-4。

表 2-4　底栖无脊椎动物 G.B.I 值参考标准

G.B.I 值	污染等级(标准化值)
1	清洁(4)**
[0.4, 1)	轻污染
[0.2, 0.4)	中污染
(0, 0.2)	重污染
0*	严重污染(0)**

注：* 0 的含义为样品中无底栖动物生存；** 当 G.B.I 值为 1 时，其标准化值为 4，当 G.B.I 值为 0 时，其标准化值为 0。G.B.I 值参考标准来自宋力敏(2013)、赵旭(2006)。

表 2-4 中，当 G.B.I 值为 1 时，污染等级为清洁，相当于公式(2-1)中的自然状态(参照)指标值 I_{min}，其标准化值为 4；当 G.B.I 值为 0 时，污染等级为严重污染，相当于公式(2-1)中的污染最严重状态指标值 I_{max}，其标准化值为 0。底栖动物总数中，寡毛类数量越多，G.B.I 值越小，水体受污染越严重；寡毛类数量越少，G.B.I 值越大(趋于或等于 1)，水体受污染越轻或水体清洁。

本研究中，研究地 4 个样点随机取等量的底泥样品(军用铁铲 2 铲底泥)倒入 40 目分样筛筛去污泥浊水后，统计样品中底栖动物和寡毛类的个体数，根据 Goodnight 修订指数法公式(2-2)计算出 G.B.I 值，再据公式(2-1)进行标准化，转化为 0～4 的得分。

河岸缓冲带宽度：参考澳大利亚的 ISC 方法(见表 2-5，通过河岸缓冲带宽度占河宽的比例，反映出河流污染等级及该指标的 5 级分值评价标准(标准化值))(Ladson et al.，1999)，用皮尺实地测量河岸缓冲带宽度，标准化指标值。

表 2-5　河岸缓冲带宽度占河宽比例与等级标准(标准化值)

河岸缓冲带宽度		等级(标准化值)
小河(河宽<15m)	大河(河宽>15m)	
≥40m	3 倍河宽以上	清洁(4)
[30m，40m)	1.5 倍到 3 倍河宽	轻污染(3)
[10m，30m)	0.5 倍到 1.5 倍河宽	中污染(2)
(5m，10m)	0.25 倍到 0.5 倍河宽	重污染(1)
≤5m	≤0.25 倍河宽	严重污染(0)

注：本表参考澳大利亚的 ISC(index of stream condition)方法(Ladson et al.，1999)；河岸缓冲带宽度趋于 0 时，取值 0。

浊度(NTU)实测值标准化参考澳大利亚的 ISC 方法(Ladson et al.，1999)(表 2-6)。

表 2-6　河流水质指标浊度的取值等级标准

指标	山地	流域*	平原	等级
浊度(NTU)	<5.0	<10.0*	<15.0	4
浊度(NTU)	<7.5	<12.5*	<17.5	3
浊度(NTU)	<10.0	<15.0*	<20.0	2
浊度(NTU)	<12.5	<22.5*	<30.0	1
浊度(NTU)	≥12.5	≥22.5*	≥30.0	0

注：本表参考澳大利亚的 ISC(index of stream condition)方法(Ladson et al.，1999)；*本研究中取流域的参考值。

定性指标(包括河道指标、河流水文、大部分河岸带指标及社会功能指标)：专家评价法及问卷调查方式相结合。通过问卷咨询专家意见和相关政府部门意见、实地调查、河道管理部门调查、问卷调查公众态度等方法收集相关指标数据并标准化指标值。

2.2.2.4　确定指标权重

采用层次分析法确定各级指标权重。层次分析法(analytic hierarchy process, AHP)是一种定性与定量分析相结合的多准则决策方法。具体说，它是将决策问题的有关元素分解成目标、准层、方案等层次，用一定标度对人的主观判断进行客观量化，在此基础上进行定性分析和定量分析的一种决策方法(杜栋等，2008)。

首先，构建层次分析结构，在同一级的指标中进行两两比较构造判断矩阵 B，用数字表示指标间的相对重要程度，并进行一致性检验，即专家在判断指标重要性时各判断之间协调一致，不至于出现相互矛盾的结果，以确保思维的前后一致性(杜栋等，2008)。最后建立一级指标的权重集 W_i、二级指标的权重集 W_{ij} 和二级指标的层次总排序权重集 $W_总$。

$$W_i=(w_1,w_2,\cdots,w_k),\quad W_{ij}=(w_1,w_2,\cdots,w_m)$$
$$W_总=(w_1,w_2,\cdots,w_n)$$

式中，k 表示一级评价指标的数量；m 表示各项一级指标中二级指标的数量；n 表示二级评价指标总数。

在层次分析法中，为了使决策判断定量化，形成数值判断矩阵，常根据一定的比例标度，将判断定量化。为此参考了杜栋等(2008)的研究，如表 2-7 所示为一种常用的判断矩阵 1～9 标度方法。

表 2-7　判断矩阵标度及其含义

序号	重要性等级	C_{ij} 赋值
1	i,j 两元素同等重要	1
2	i 元素比 j 元素稍重要	3
3	i 元素比 j 元素明显重要	5
4	i 元素比 j 元素强烈重要	7
5	i 元素比 j 元素极端重要	9
6	i 元素比 j 元素稍不重要	1/3
7	i 元素比 j 元素明显不重要	1/5

续表

序号	重要性等级	C_{ij} 赋值
8	i 元素比 j 元素强烈不重要	1/7
9	i 元素比 j 元素极端不重要	1/9

注：本表参考杜栋等(2008)。C_{ij} 表示因素 i 和因素 j 相对于目标重要值。

　　层次分析法在确定权重时一般采用两两比较的方式。例如，以一个 n 阶的判断矩阵为例，其目标为 G，有 n 个因子(见表 2-8)，则有 n 个比较量，则让每一个量与其他量分别进行共 $n-1$ 次两两比较，第 i 个量与第 j 个量的比较结果记为 a_{ij}，再加上与自身的比较结果 a_{ii}，可形成一个 $n×n$ 的方阵，称为判断矩阵。该矩阵中蕴含了比较量之间的权重关系，通过一些权重求解算法(该研究通过统计软件计算)可得到权重向量。要得到层次结构中的局部权重，就必须逐层建立判断矩阵。

表 2-8　判断矩阵示例

G	A_1	A_2	A_3	…	A_j	…	A_n
A_1	a_{11}	a_{12}	a_{13}	…	a_{1j}	…	a_{1n}
A_2	a_{21}	a_{22}	a_{23}	…	a_{2j}	…	a_{2n}
A_3	a_{31}	a_{32}	a_{33}	…	a_{3j}	…	a_{3n}
⋮	⋮	⋮	⋮	⋮	⋮	⋮	⋮
A_i	a_{i1}	a_{i2}	a_{i3}	…	a_{ij}	…	a_{in}
⋮	⋮	⋮	⋮	⋮	⋮	⋮	⋮
A_n	a_{n1}	a_{n2}	a_{n3}	…	a_{nj}	…	a_{nn}

注：G 为目标，$A_1,A_2,…,A_n$ 为评价指标，有 n 个因子，则有 n 个比较量，让每一个量与其他量分别进行共 $n-1$ 次两两比较，第 i 个量与第 j 个量的比较结果记为 a_{ij}，如 $a_{11},a_{12},…,a_{1n}$；$a_{21},…,a_{2n}$；$a_{31},…,a_{3n}$；…；$a_{n1},…,a_{nn}$。

2.2.2.5　构建层次综合评价模型

　　用一级指标下的各二级指标的得分乘以其权重，求和得到各一级指标的得分；各一级指标的得分再与其权重相乘，求和得河流中相应样点的总得分。层次综合评价模型如下：

$$A^{(k)} = \sum_{i=1}^{6} w_i \cdot A_i^{(k)}, \quad A_i^{(k)} = \sum_{j=1}^{m} w_{ij} \cdot B_{ij}^{(k)} \qquad k=1,2,3,4; i=1,2,…,6; j=1,2,…,m$$

其中，$A^{(k)}$ 表示第 k 个河流样点的总得分；$A_i^{(k)}$ 表示第 k 个河流样点中第 i 个一级指标的得分；w_i 表示第 i 个一级指标的权重；$B_{ij}^{(k)}$ 表示第 i 个一级指标下第 j 个二级指标的得分；w_{ij} 表示第 i 个一级指标下第 j 个二级指标的权重；k 表示河流样点数；i 表示一级评价指标的数量；m 表示各项一级指标中二级指标的数量。

2.2.2.6　加权综合评价，得出整体的综合评价值

加权综合评价，得到河流各项一级指标的分值和河流(或河流各样点)的综合得分，所得评价分值仍在 0~4 之间。在评价过程中，以评价标准为依据，确定河流(或河流各样点)的健康状态，同时根据各项一级指标的分值分析河流(或河流各样点)健康的限制因素。

2.3　研究结果与分析

2.3.1　指标测定、评定值及标准化值

2.3.1.1　水质指标

根据相关水质指标的测定方法测得叶绿素 a、总磷(TP)、浊度、化学需氧量(COD_Cr)、溶解氧(DO)的值(见表 2-9)，其中，浊度的单位为 NTU，其他指标的单位为 mg/L。

表 2-9　水质指标测定值

水质指标	参照	采样点①	采样点②	采样点③	采样点④
叶绿素 a	0.0004	0.0020	0.0020	0.0140	0.0160
TP	0.0990	0.0660	0.7020	0.8900	0.3890
浊度	3.2400	3.9700	2.5300	13.4000	8.1800
DO	4.3300	6.4000	6.1700	4.4400	5.6200
COD_Cr	<10.0000*	<10.0000*	17.4000	29.1000	33.9000

注：*<10.0000 当作 10.0000 看待。

按照实测值标准化公式(2-1)标准化水质指标测定值，见表 2-10。

表 2-10 水质指标标准化值

水质指标	采样点①	采样点②	采样点③	采样点④
叶绿素 a	3.89	3.89	3.09	2.95
TP	4.00**	0.00*	0.00*	0.15
浊度	4.00	4.00	2.00	4.00
COD$_{Cr}$	4.00	3.01	1.45	0.81
DO	4.00**	4.00**	4.00**	4.00**

注:*标准化值为负数时当作 0.00 看待,代表"病态";**标准化值>4.00 时当作 4.00 看待,代表"很健康"。

2.3.1.2 生物指标

生物指标中底栖无脊椎动物的测定是用采样计数的方法统计样品中底栖动物〔如水蚯蚓(*Oligochaeta*)、螺蛳(*Margarya melanioides*)、河蚬(*Corbicula fluminea*)、虾(*Macrobrachium nipponensis*)、河蟹(*Eriocheir sinensis*)和水蛭(*Hirude nipponica Whitman*)等〕的个体总数和寡毛类(如水蚯蚓)的个体总数。采用 Goodnight 修订指数法进行评价(宋力敏,2013;赵旭,2006),分别用公式(2-2)和公式(2-1)计算 G.B.I 值并标准化。底栖无脊椎动物 G.B.I 计算值及标准化值见表 2-11。底栖动物不仅稳定,而且是指示生物,水体受到污染后,生物的数量和种类发生变化,而底栖动物可以稳定地反映这种变化,可以应用其群落结构变化来评价污染。

表 2-11 底栖无脊椎动物 G.B.I 计算值及标准化值

	采样点①	采样点②	采样点③	采样点④
底栖动物个体总数 N /个	15	23	24	30
寡毛类个体总数 Noli /个	0	3	18	14
底栖无脊椎动物 G.B.I 值	1.00	0.87	0.25	0.53
G.B.I 值标准化	4.00	3.48	1.00	2.12

2.3.1.3 河流水文指标

根据相关水文指标的测定方法测定水深和流速,根据河宽、水深和流速计算得到流量,即流量=河宽×水深×流速(测定数据见表 2-12)。并采用咨询专家意见的形式打分确定标准化值,即告诉专家 4 个断面水深、流速、流量的实测值、计算值及相关情况,以水深表征河流流态结构是否适合鱼类生存,流速表征城市化对河流流速的影响以及流速变化对河流生境、生物等的影响,流量表征河流是否保持了其自然的状态,作为专家打分的依据。根据盘龙江的实际情况,请 5 位专家由高到低打分,4 为最高分,0 为最低分,分别统计求得平均值作为水深、流速、流量三项二级指标的标准化值(表 2-13)。请 5 位专家打分,是典型意义上的统计评价,结合盘龙江的实际情况,通过咨询 5 位河道研究方面的专家,由高到低打分,4 为最高分,0 为最低分,统计得到相关数据。在此给以说明,以下相关定性指标的研究亦同。

表 2-12　河宽、水深、流速、流量测定值

指标	采样点①	采样点②	采样点③	采样点④
河宽/m	33.100	20.000	20.600	19.300
水深/m	0.400	0.700	0.600	2.100
流速/(m·s^{-1})	0.068	0.196	0.171	0.005
流量/(m^3·s^{-1})	0.900	2.720	2.110	0.200

表 2-13　水深、流速、流量标准化值

水文指标	采样点①	采样点②	采样点③	采样点④
水深	3.0	3.5	3.5	3.5
流速	2.8	3.5	3.5	2.0
流量	2.8	3.5	3.5	2.0

2.3.1.4　河岸带指标

实地测量和调查河岸带指标(河岸缓冲带宽度、植被结构完整性、纵向连续性、河岸稳定性、护岸形式),再根据相关研究及专家意见确定指标标准化值。

其中,河岸缓冲带宽度标准化值是参考澳大利亚的 ISC(index of stream condition)方法(Ladson et al., 1999)(表 2-5),根据河岸缓冲带宽度占河宽的比例反映的等级标准确定(表 2-14)。

植被结构完整性指标标准化值是根据河岸缓冲带中乔木、灌木以及草本的密集程度是否保持了自然的状况(与自然状况相比较),实地调查并结合专家意见打分确定的,即根据实际调查结果(表 2-1),请 5 位专家由高到低打分,4 为最高分,0 为最低分,统计求得平均值作为该指标标准化值(表 2-14)。

纵向连续性指标标准化值是根据影响河岸带区域的物质能量输送、野生生物的移动以及景观效果的发挥,结合盘龙江的具体情况,主要考虑河岸带区域景观效果的发挥,河岸带区域的景观状况一般有以下几种情况:景观美学价值较高,两岸绿化良好,有众多的观光、休憩者——为"很健康"状态;景观具有一定的美学价值和观光旅游价值——为"健康"状态;景观状况一般,美学价值不高,河岸游玩者不多——为"亚健康"状态;景观美学价值较低,绿化较差,鲜有游玩观光者——为"不健康"状态;景观状况很差,几乎没有绿化,无观光旅游者——为"病态"。对应的标准化值分别为(4~3)、(3~2)、(2~1)、(1~0)、0,根据对样点①、样点②、样点③和样点④的生态调查情况,并咨询专家意见如上面方法打分确定(表 2-14)。

河岸稳定性是就河岸抗冲击的程度,且在一定程度上反映人类活动对河岸环境的影响情况,由实地调查和河道管理部门的资料调查,并咨询相关专家的意见,如上面方法打分确定指标标准化值(表 2-14)。

护岸形式一般有以下几种情况:有植被覆盖的自然土质护岸(为自然状态下护岸形式)、近自然的斜坡式生态护岸、亲水平台护岸或少植被护岸、台阶式人工护岸或浆砌块石护岸、直立式钢筋混凝土护岸,分别为"很健康"、"健康"、"亚健康"、"不健康"、"病态"状态,对应的标准化值分别为(4~3)、(3~2)、(2~1)、(1~0)、0。护岸形式指标标准化值是通过实地调查后,参考上面护岸形式的评价标准,对比目前护岸形式与自然状态下护岸形式(为最高分 4 分)的差异,如样点①和样点②的护岸形式接近有植被覆盖的自然土质护岸;样点③和样点④的护岸形式接近近自然的斜坡式生态护岸和亲水平台护岸或少植被护岸之间,样点④优于样点③。在此基础上,咨询相关专家的意见,如上面方法打分确定(表 2-14)。

表 2-14　河岸带指标标准化值

指标	采样点①	采样点②	采样点③	采样点④
河岸缓冲带宽度*/m	0.00**	7.40	9.45	19.10
河宽/m	33.10	20.00	20.60	19.30
河岸缓冲带宽度是河宽的倍数	0.00	0.37	0.46	0.99
河岸缓冲带宽度标准化值	0.00	1.00	1.00	2.00
植被结构完整性指标标准化值	2.00	2.50	2.50	2.80
纵向连续性指标标准化值	1.00	2.20	2.50	3.00
河岸稳定性	4.00	4.00	4.00	4.00
护岸形式	3.50	3.50	2.00	3.00

注:*指两岸缓冲带的平均宽度;**表示无河岸缓冲带。

2.3.1.5   河道指标和社会指标

河道指标(河道自然度、河道弯曲程度、河床稳定性)和社会指标(公众态度、河道管理、防洪安全)的标准化值是采用专家评价法及问卷调查方式相结合来确定的,即通过问卷咨询专家意见和相关政府部门意见、实地调查、河道管理部门调查、问卷调查公众态度等方法对其进行定性评定以收集相关指标数据,并标准化指标值(就相关情况,由高到低打分,4 为最高分,0 为最低分,再进行统计求得平均值)。

其中,河道自然度指标标准化值是就河流相关断面人类活动对其形态结构的改变情况,通过实地调查及河道管理部门的资料调查,并咨询相关专家的意见打分确定,即根据调查结果,请 5 位专家由高到低打分,4 为最高分,0 为最低分,统计求得平均值作为该指标标准化值。

河道弯曲程度指标是依据河道的弯曲程度来评估河流的生境状况。河流 "曲折蜿蜒"的形状是许多生物赖以生存的自然特征,河流弯曲程度大,则河流的生境状况好;河流"直线化",则河流的生境状况差。对此咨询专家意见,请 5 位专家由高到低打分,4 为最高分,代表 "很健康"(即河流 "曲折蜿蜒"的天然形状和走向);0 为最低分,代表 "病态"(即河流 "直线化")。统计专家的评分,求得平均值作为该指标标准化值。

河床稳定性指标标准化值是依据河床是否存在明显退化或河床淤积严重等问题,实地调查并咨询专家意见,如上面方法打分确定。

公众态度指标标准化值是就城市河流盘龙江环境的被接受程度及其与人类的和谐程度,做问卷调查确定。调查对象为相关专家 2 人、政府管理人员 2 人、普通民众 20 人,调查问卷的内容即:询问受访者 4 个评价样点处环境的被接受程度及其与人类的和谐程度如何?由高到低打分,4 为最高分,0 为最低分(问卷详细内容见附件)。对回收的问卷统计整理求平均得到公众态度指标标准化值。

河道管理指标标准化值是就盘龙江 4 个评价样点河道管理的水平和效果是否有利于保障河流生态系统功能的改善和维持,通过实地调查并结合专家及政府管理人员的意见,由相关专家和政府管理人员各 3 人如前面方法打分确定。

防洪安全指标标准化值是就两岸居民生命与财产得到安全保障的程度,通过调查河道管理部门的资料,并咨询相关专家及政府管理人员的意见,由相关专家和政府管理人员各 3 人如前面方法打分确定。调查咨询结果表明昆明市盘龙江防洪安全有保障，打分值均为 4 分，即 4 个评价样点防洪安全指标标准化值均为 4。

上述河道指标和社会指标，共 6 项二级指标标准化值见表 2-15。

表 2-15　河道指标和社会指标标准化值

指标	采样点①	采样点②	采样点③	采样点④
河道自然度	4.00	4.00	2.50	3.50
河道弯曲程度	2.00	2.00	2.00	2.00
河床稳定性	3.50	3.50	3.50	3.50
公众态度	2.50	3.50	2.80	3.00
河道管理	2.50	3.50	3.00	3.00
防洪安全	4.00	4.00	4.00	4.00

2.3.2　20 个二级指标标准化值归总

上述定量和定性的 20 个二级指标标准化值归总见表 2-16。

表 2-16　20 个二级指标标准化值

指标	采样点①	采样点②	采样点③	采样点④
叶绿素 a	3.89	3.89	3.09	2.95
TP	4.00**	0.00*	0.00*	0.15
浊度	4.00	4.00	2.00	4.00
COD$_{cr}$	4.00	3.01	1.45	0.81
DO	4.00**	4.00**	4.00**	4.00**
底栖无脊椎动物 G.B.I	4.00	3.48	1.00	2.12
水深	3.00	3.50	3.50	3.50
流速	2.80	3.50	3.50	2.00
流量	2.80	3.50	3.50	2.00
河道自然度	4.00	4.00	2.50	3.50
河道弯曲程度	2.00	2.00	2.00	2.00
河床稳定性	3.50	3.50	3.50	3.50
河岸缓冲带宽度	0.00	1.00	1.00	2.00
植被结构完整性	2.00	2.50	2.50	2.80
纵向连续性	1.00	2.20	2.50	3.00

续表

指标	采样点①	采样点②	采样点③	采样点④
河岸稳定性	4.00	4.00	4.00	4.00
护岸形式	3.50	3.50	2.00	3.00
公众态度	2.50	3.50	2.80	3.00
河道管理	2.50	3.50	3.00	3.00
防洪安全	4.00	4.00	4.00	4.00

注：*标准化值为负数时当作 0.00 看待，代表"病态"；**标准化值＞4.00 时当作 4.00 看待，代表"很健康"。

2.3.3 指标权重的计算

采用层次分析法确定各级指标权重。参考尤洋等(2009)的研究，做了些改进，按照典型意义上的统计评价方法，邀请 5 位专家判断指标重要性，对同一级指标中各个因素的重要程度进行两两比较，综合分析后建立判断矩阵及其一致性检验，即专家在判断指标重要性时各判断之间协调一致，不至于出现相互矛盾的结果，以确保思维的前后一致性。再通过统计软件计算，可得到权重向量。

2.3.3.1 一级指标权重的计算

以 F_1 代表水质特征；F_2 代表生物指标；F_3 代表河流水文；F_4 代表河道指标；F_5 代表河岸带指标；F_6 代表社会指标。两两比较，建立判断矩阵，如表 2-17 所示。

表 2-17　一级指标判断矩阵

一级指标	F_1	F_2	F_3	F_4	F_5	F_6
F_1	1	3	3	3	2	2
F_2	1/3	1	1	1	2/3	2/3
F_3	1/3	1	1	1	2/3	2/3
F_4	1/3	1	1	1	2/3	2/3
F_5	1/2	3/2	3/2	3/2	1	1
F_6	1/2	3/2	3/2	3/2	1	1

通过统计软件计算(计算过程由计算机完成)，可得到权重向量，导出结果见表 2-18、表 2-19。

表 2-18　一级指标的权重向量

一级指标	F_1	F_2	F_3	F_4	F_5	F_6
F_1	1	3	3	3	2	2
F_2	1/3	1	1	1	2/3	2/3
F_3	1/3	1	1	1	2/3	2/3
F_4	1/3	1	1	1	2/3	2/3
F_5	1/2	3/2	3/2	3/2	1	1
F_6	1/2	3/2	3/2	3/2	1	1
单层权重	0.333	0.111	0.111	0.111	0.167	0.167

注：λ_{max}=6.0000；CI=0.0000；RI=1.24；CR=0.0000；F_i 为一级评价指标（i=1,2,3,4,5,6），详见表 2-17。

为了保证应用层次分析法分析得到的结果合理，还需要对构造的判断矩阵进行一致性检验。其中，λ_{max} 为判断矩阵最大特征根，可以用判断矩阵特征根的变化来检验判断的一致性程度；CI 为判断矩阵的一致性指标，CI 值越小（接近于 0），表明判断矩阵的一致性越好；RI 为判断矩阵的平均随机一致性指标；当阶数大于 2 时，CI 与同阶 RI 之比称为随机一致性比率，记为 CR。当 CR＜0.10 时，即认为判断矩阵具有满意的一致性，否则就需要调整判断矩阵，使之具有满意的一致性（杜栋，2008）。

表 2-19　一级指标的最终权重及综合排序

一级指标	最终权重	综合排序
F_1	0.333	1
F_2	0.111	4
F_3	0.111	4
F_4	0.111	4
F_5	0.167	2
F_6	0.167	2

注：F_i 为一级评价指标（i=1,2,3,4,5,6），详见表 2-17。

2.3.3.2　二级指标权重的计算

1. 水质特征指标 F_1

以 A_1 代表叶绿素 a；A_2 代表总磷；A_3 代表浊度；A_4 代表化学需氧量；A_5 代表溶解氧。两两比较，建立判断矩阵，如表 2-20 所示。

表 2-20 水质特征指标判断矩阵

F₁	A₁	A₂	A₃	A₄	A₅
A₁	1	2	3	1	1
A₂	1/2	1	3/2	1/2	1/2
A₃	1/3	2/3	1	1/3	1/3
A₄	1	2	3	1	1
A₅	1	2	3	1	1

通过统计软件计算(计算过程由计算机完成)，可得到权重向量，导出结果见表 2-21、表 2-22。

表 2-21 水质特征指标的权重向量

F₁	A₁	A₂	A₃	A₄	A₅
A₁	1	2	3	1	1
A₂	1/2	1	3/2	1/2	1/2
A₃	1/3	2/3	1	1/3	1/3
A₄	1	2	3	1	1
A₅	1	2	3	1	1
单层权重	0.261	0.130	0.087	0.261	0.261

注：λ_{max}=5；CI=0；RI=1.12；CR=0；F_1 代表水质特征指标；A_i 为二级评价指标(i=1,2,3,4,5)，其中 A_1 代表叶绿素 a，A_2 代表总磷，A_3 代表浊度，A_4 代表化学需氧量，A_5 代表溶解氧。

表 2-22 水质特征指标的最终权重及综合排序

F₁	最终权重	综合排序
A₁	0.261	1
A₂	0.130	4
A₃	0.087	5
A₄	0.261	1
A₅	0.261	1

2. 生物指标 F_2

生物指标仅 1 项指标，故其二级指标权重为 1。

3. 河流水文指标 F_3

以 A_1 代表水深；A_2 代表流速；A_3 代表流量。两两比较，建立判断矩阵，如表 2-23 所示。

表 2-23　河流水文指标判断矩阵

F_3	A_1	A_2	A_3
A_1	1	1/2	1
A_2	2	1	2
A_3	1	1/2	1

通过统计软件计算（计算过程由计算机完成），可得到权重向量，导出结果见表 2-24、表 2-25。

表 2-24　河流水文指标的权重向量

F_3	A_1	A_2	A_3
A_1	1	1/2	1
A_2	2	1	2
A_3	1	1/2	1
单层权重	0.250	0.500	0.250

注：$\lambda_{max}=3$；CI=0；RI=0.58；CR=0；F_3 代表河流水文指标；A_i 为二级评价指标（$i=1,2,3$），其中 A_1 代表水深，A_2 代表流速，A_3 代表流量。

表 2-25　河流水文指标的最终权重及综合排序

F_3	最终权重	综合排序
A_1	0.250	2
A_2	0.500	1
A_3	0.250	2

4. 河道指标 F_4

以 A_1 代表河道自然度；A_2 代表河道弯曲程度；A_3 代表河床稳定性。两两比较，建立判断矩阵，如表 2-26 所示。

表 2-26   河道指标判断矩阵

F_4	A_1	A_2	A_3
A_1	1	1	1
A_2	1	1	1
A_3	1	1	1

通过统计软件计算(计算过程由计算机完成),可得到权重向量,导出结果见表 2-27、表 2-28。

表 2-27   河道指标的权重向量

F_4	A_1	A_2	A_3
A_1	1	1	1
A_2	1	1	1
A_3	1	1	1
单层权重	0.333	0.333	0.333

注:λ_{max}=3;CI=0;RI=0.58;CR=0;F_4代表河道指标;A_i为二级评价指标(i=1,2,3),其中 A_1 代表河道自然度,A_2 代表河道弯曲程度,A_3 代表河床稳定性。

表 2-28   河道指标的最终权重及综合排序

F_4	最终权重	综合排序
A_1	0.333	1
A_2	0.333	1
A_3	0.333	1

5. 河岸带指标 F_5

以 A_1 代表河岸缓冲带宽度;A_2 代表植被结构完整性;A_3 代表纵向连续性;A_4 代表河岸稳定性;A_5 代表护岸形式。两两比较,建立判断矩阵,如表 2-29 所示。

表 2-29   河岸带指标判断矩阵

F_5	A_1	A_2	A_3	A_4	A_5
A_1	1	2	2	2	2
A_2	1/2	1	1	1	1
A_3	1/2	1	1	1	1
A_4	1/2	1	1	1	1
A_5	1/2	1	1	1	1

通过统计软件计算(计算过程由计算机完成)，可得到权重向量，见表 2-30、表 2-31。

表 2-30　河岸带指标的权重向量

F_5	A_1	A_2	A_3	A_4	A_5
A_1	1	2	2	2	2
A_2	1/2	1	1	1	1
A_3	1/2	1	1	1	1
A_4	1/2	1	1	1	1
A_5	1/2	1	1	1	1
单层权重	0.333	0.167	0.167	0.167	0.167

注：$\lambda_{max}=5$；CI=0；RI=1.12；CR=0；F_5 代表河岸带指标；A_i 为二级评价指标($i=1,2,3,4,5$)，其中 A_1 代表河岸缓冲带宽度，A_2 代表植被结构完整性，A_3 代表纵向连续性，A_4 代表河岸稳定性，A_5 代表护岸形式。

表 2-31　河岸带指标的最终权重及综合排序

F_5	最终权重	综合排序
A_1	0.333	1
A_2	0.167	2
A_3	0.167	2
A_4	0.167	2
A_5	0.167	2

6. 社会指标 F_6

以 A_1 代表公众态度；A_2 代表河道管理；A_3 代表防洪安全。两两比较，建立判断矩阵，如表 2-32 所示。

表 2-32　社会指标判断矩阵

F_6	A_1	A_2	A_3
A_1	1	1	2
A_2	1	1	2
A_3	1/2	1/2	1

通过统计软件计算(计算过程由计算机完成)，可得到权重向量，见表 2-33、表 2-34。

表 2-33   社会指标的权重向量

F_6	A_1	A_2	A_3
A_1	1	1	2
A_2	1	1	2
A_3	1/2	1/2	1
单层权重	0.400	0.400	0.200

注：λ_{max}=3；CI=0；RI=0.58；CR=0；F_6 代表社会指标；A_i 为二级评价指标（i=1,2,3），其中 A_1 代表公众态度，A_2 代表河道管理，A_3 代表防洪安全。

表 2-34   社会指标的最终权重及综合排序

F_6	最终权重	综合排序
A_1	0.400	1
A_2	0.400	1
A_3	0.200	3

2.3.3.3   指标权重的计算结果

将上述一级指标和二级指标权重的计算值归总，并计算出总权重，即总权重＝一级指标权重×二级指标权重。指标权重的计算结果见表 2-35。

表 2-35   指标权重计算结果

一级指标	权重	二级指标	权重	总权重
水质特征指标	0.333	叶绿素 a	0.261	0.087
		总磷	0.130	0.043
		浊度	0.087	0.030
		化学需氧量	0.261	0.087
		溶解氧	0.261	0.086
生物指标	0.111	底栖无脊椎动物 G.B.I.	1.000	0.111
河流水文指标	0.111	水深	0.250	0.028
		流速	0.500	0.055
		流量	0.250	0.028
河道指标	0.111	河道自然度	0.333	0.037
		河道弯曲程度	0.333	0.037
		河床稳定性	0.333	0.037
河岸带指标	0.167	河岸缓冲带宽度	0.333	0.055
		植被结构完整性	0.167	0.028

续表

一级指标	权重	二级指标	权重	总权重
河岸带指标		纵向连续性	0.167	0.028
		河岸稳定性	0.167	0.028
		护岸形式	0.167	0.028
社会指标	0.167	公众态度	0.400	0.067
		河道管理	0.400	0.067
		防洪安全	0.200	0.033

2.3.4　盘龙江生态系统健康评价结果及其健康修复的对策建议

　　根据层次综合评价模型计算各一级指标的加权得分及盘龙江 4 个样点的加权综合得分。所得评价分值仍在 0～4 之间，以评价标准为依据，确定各样点的健康状态。5 级分值阈（4～3）、（3～2）、（2～1）、（1～0）、0 分别解读为"很健康"、"健康"、"亚健康"、"不健康"、"病态"5 种河流健康状态。计算值及评价结果见表 2-36、图 2-3、图 2-4。

表 2-36　盘龙江 4 个样点生态系统健康评价结果

	采样点①	采样点②	采样点③	采样点④
水质特征指标	3.97	3.19	2.40	2.40
生物指标	4.00	3.48	1.00	2.12
河流水文指标	2.85	3.50	3.50	2.38
河道指标	3.18	3.18	2.67	3.01
河岸带指标	1.79	2.39	2.19	2.82
社会指标	2.80	3.60	3.12	3.20
综合评价值	3.20	3.19	2.48	2.64
生态健康综合评价	很健康	很健康	健康	健康

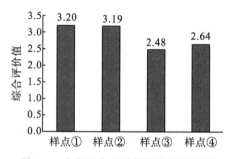

图 2-3　盘龙江生态系统健康评价结果

由图 2-3 可以看出，样点①盘龙江上段——农科院大桥以北约 500m 处和样点②盘龙江中段——罗丈村桥以南约 200m 处，处于很健康状态；样点③盘龙江中段——张官营闸以北约 100m 处和样点④盘龙江下段——广福路公路桥以北约 500m 处，处于健康状态。对盘龙江 4 个样点综合评价值求平均，得到盘龙江整体的综合评价值为 2.88，处于健康状态，说明以前对盘龙江的综合整治有很好的效果。分析盘龙江一级指标的评价结果（图 2-4），结合各二级指标的标准化值（表 2-16），能够明确盘龙江生态系统健康的限制因素，为盘龙江的综合整治和生态修复提供决策依据。河流生态修复的总体目标是恢复河流健康，实现人与河流的和谐共存，最终目的是为了改善河流生态系统，进而形成优美的河道景观，或者在改善河流生态系统时，景观建设也穿插其中，既改善了生态系统，又形成优美的环境景观。

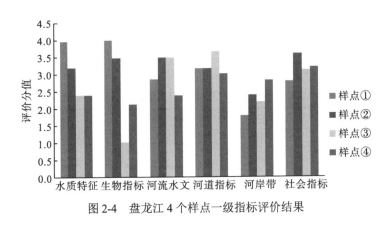

图 2-4　盘龙江 4 个样点一级指标评价结果

由图 2-4 可知，样点①农科院大桥以北约 500m 处，河岸缓冲带被挤占，河道管理有待完善，应扩宽河岸缓冲带，并加强河岸带景观生态建设及河道管理。

在城市区域，河道绝无污染是不太可能做到的。为了尽量减少被污染的机会，在城市规划阶段，河道应留出适当的保护宽度，为 20～50m 的绿化带，外围修建 6～9m 宽的沿河道路的方法是值得采纳的方法。这一规律与 ISC（Ladson et al., 1999）的研究相似，即对于河宽大于 15m 的大河，河岸缓冲带宽度是河宽的 1.5～3 倍比较合适。以昆明市盘龙江为例（干流河宽 14.7～35m），河岸缓冲带的宽度一般为 22～53m 比较合适（取最低要求，按河岸缓冲带宽度是河宽的 1.5 倍计算，具体数值视河宽而定）。比如样点①的河宽为 33.1m，河岸缓冲带宽度为 50～100m 比较合适（按河岸缓冲带宽度是河宽的 1.5～3 倍计算）。通过绿化隔离，可以避免人群活动直接将污染物丢弃水中。外围道路可以作为固化的建设红线，将建筑物等挡在红线以外，控制沿河直排污染源。

依据景观生态学的原理，具有宽而浓密植被的河流廊道能更好地减少来自周围景观的各种溶解物污染，保证水质。故河流主干道两边应保持足够宽的植被带，以控制来自景观基质的溶解物质，为物种提供足够的生境和通道等。通过在河流两岸建立绿色廊道，对现有河道尽可能保持原有的宽度和自然状态，建立植被缓冲带，替代人工砌岸，使之成为具有栖息地、生物廊道、水岸过滤带、生物堤等多种生态功能的生态河道。河流两岸建设线状、带状植被廊道，与城市园林等绿化带纵横交错，构成多级绿色廊道，这种格局的功能除了可以防止水土流失外，还可以起到生物迁徙通道的作用。

样点②罗丈村桥以南约 200m 处，河岸缓冲带也被挤占，宽度不够，应扩宽河岸缓冲带，并加强河岸带景观生态建设。河流生态修复原理及思路同上。其中样点②的河宽为 20m，河岸缓冲带宽度应为 30～60m 比较合适。

样点③张官营闸以北约 100m 处，生物指标(底栖动物 G.B.I 值)评价值为 1，相应的水质指标也不乐观，为 2.4。因此，应从优化河流水质、修复水生生物栖息环境、扩宽河岸缓冲带、加强河岸带景观生态建设等方面综合整治。底栖动物不仅稳定，而且是指示生物，水体受到污染后，生物的数量和种类发生变化，而底栖动物可以稳定地反映这种变化，可以应用其群落结构变化来评价污染。底栖动物总数中，寡毛类数量越多，G.B.I 值越小，水体受污染越严重；寡毛类数量越少，G.B.I 值越大(趋于或等于 1)，水体受污染越轻或水体清洁。该处底栖动物总数中，寡毛类数量相对较多，底栖动物 G.B.I 值为 0.25，其标准化值为 1，生物指标评价值为 1，说明其水体受污染越严重，这与该处水质的测定及评价结果相吻合。该处河岸带指标评价值也相对较低，为 2.19。故其治理应从优化河流水质、修复水生生物栖息环境、扩宽河岸缓冲带、加强河岸带景观生态建设等方面综合整治。此外，其护岸形式对河流生态健康不利，建议生态修复。

要进行河流的生态修复和健康改善，优化河流水质，修复水生生物栖息环境，一方面要消除点源污染，控制面源污染，另一方面可以利用生长在其中的生物来改变水环境，进而对整个生态系统起到调控作用。比如利用沉水植物和底栖动物净化水质，水生动植物是水体的净化器，湿地是城市环境的肾。在河道整治中，要修复水生物的多样性和生物链，既要做好河道的生态护岸工程，在有条件的地方又要保留必需的湿地和水面。如美国阿肯色河和我国的扎龙湿地等，通过治理和补充水量，保住了宽阔的水面，使水体清澈透明，水鸟飞翔，鱼翔浅底，两岸水生植物和陆生灌木错落有致，营造了一个完善的生态系统。

河道是水生态环境的重要载体，一方面，护岸工程是对河道生态治理的一项重要措施，对保护堤防免受冲刷、防止水土流失具有重要作用；另一方面，河道治理要考虑生物的多样性，为水生动物和两栖动物创造栖息繁衍的环境，既有利于保护河道的水生态环境，又有利于提高水体的自净化能力。在河道整治工程中，合理选择河道护岸的结构形式，尽可能维持河道天然断面形态，尽可能采用自然土质岸坡，为水生植物的生长、水生动物的繁育和两栖动物的繁衍生息创造条件，保护河道生物多样性的自然环境。修复河流的天然形状，也就是所谓"多自然型河流建设"。"多自然型河流建设"是 20 世纪 90 年代日本提出来的，其目的是为生物提供丰富的生境以满足不同生物的生存、繁衍需求，从而保证生态系统的完整性和延续性。城市河流为了防洪安全需要，河堤不断加高，并大量建设混凝土、块石等直立式护岸，人工与自然的比例失调，破坏了原有的生态平衡。河流的生命只有回归到自然状态下才具有活力。修复河道的原本面貌并不是回到河流未被人类开发利用前的原始自然状态，河道整治需要在保证防洪和排涝安全的前提下，恢复其本来自然面貌才具有真正意义。

扩宽河岸缓冲带、加强河岸带景观生态建设原理及思路同上。其中样点③的河宽为 20.6m，河岸缓冲带宽度应为 31～62m 比较合适。

样点④广福路公路桥以北约 500m 处，生物指标和水质指标的评价值偏低，生物指标的评价值比样点③好一些。所以，该处首先消除点源污染、控制面源污染以优化河流水质，其次修复水生生物栖息环境问题仍是治理重点（其原理及思路同上所述）。根据盘龙江生态调查结果，样点④一边河岸带建有一河滨公园，距河道有 38.6m 宽，另一边河岸紧靠道路和民房，无缓冲带，所以需要扩宽河岸缓冲带，其原理及思路同上所述。样点④的河宽为 19.30m，河岸缓冲带平均宽度应为 29～58m 比较合适。

此外，从盘龙江整条河流看，河道弯曲程度也是影响其生态健康的限制因素之一。河流 "曲折蜿蜒"的形状是许多生物赖以生存的自然特征，河流弯曲程度大，则河流的生境状况好；河流"直线化"，则河流的生境状况差。因此，也就是"多自然型河流建设"的理念，在条件可能的情况下，尽可能使河流弯曲、呈蛇形。但现实情况是，河弯改直后对防洪有好处，但生境状况差，而由直改弯难度大，又是城市河流，受到的限制因素多，因此要从实际出发，根据实际情况和条件综合考虑。

　　下面分别就水质特征、生物指标、河流水文、河道指标、河岸带、社会指标在盘龙江 4 个样点的评价结果来作比较分析(图 2-5~图 2-10)。从水质情况看,样点③和样点④的水质较样点①和样点②明显下降,需要消除点源污染、控制面源污染以优化河流水质(图 2-5);从生物指标来看,样点③的评价值为 1,其次是样点④的为 2.12,明显低于样点①和样点②,其相应的水质情况也不乐观,因此,样点③和样点④要多考虑优化河流水质、修复水生生物栖息环境(图 2-6);从河流水文方面看,总体情况较好,虽然样点①和样点④低于样点②和样点③,但仍处于健康状况(图 2-7);河道指标的整体情况很好,都处于很健康状况(图 2-8);河岸带情况,样点①较低,为 1.79,其次是样点③为 2.19,样点②和样点④稍好一点,分别为 2.39 和 2.82,总的来说,河岸缓冲带被挤占,宽度不够,应扩宽河岸缓冲带,并加强河岸带景观生态建设(图 2-9);从社会指标来看,样点①较低,需要加强河道管理(图 2-10)。

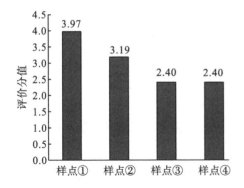

图 2-5　盘龙江 4 个样点水质特征评价结果

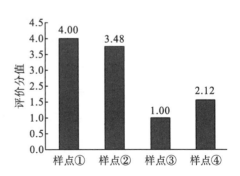

图 2-6　盘龙江 4 个样点生物指标评价结果

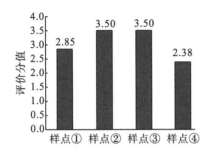

图 2-7　盘龙江 4 个样点河流水文评价结果

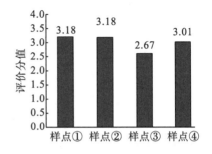

图 2-8　盘龙江 4 个样点河道指标评价结果

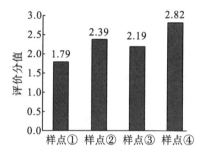

图 2-9 盘龙江 4 个样点河岸带评价结果

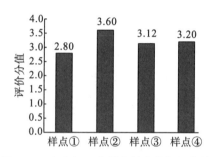

图 2-10 盘龙江 4 个样点社会指标评价结果

2.4 本 章 小 结

健康的城市河流生态系统是城市河流管理的主要目标，正确评价城市河流生态系统健康是实现城市河流生态系统可持续发展的重要步骤。综合指标评价方法是一种重要的生态系统健康评价方法，既能反映河流的总体健康水平和社会功能水平，又可以反映出生态系统健康变化的趋势，是一种比较全面的评价方法。

本研究采用综合指标评价法，选用能够表征城市河流生态系统主要特征和功能的指标，包括水质特征、生物指标、河流水文、河道指标、河岸带和社会指标6 个方面，共 20 个指标，建立城市河流生态系统健康评价综合指标体系；确定评价标准；采用层次分析法确定各级指标的权重，构建层次综合评价模型。以昆明市城市河流盘龙江作为研究对象，从上游往下游选取城市河流盘龙江的 4 个样点，即样点①盘龙江上段——农科院大桥以北约 500m 处（位于 N 25°07′38.50″，E 102°45′40.26″）、样点②盘龙江中段——罗丈村桥以南约 200m 处（位于 N 25°07′38.50″，E 102°45′40.26″）、样点③盘龙江中段——张官营闸以北约 100m 处（位于 N 25°04′06.99″，E 102°42′50.22″）、样点④盘龙江下段——广福路公路桥以北约 500m 处（位于 N 24°58′59.33″，E 102°42′55.20″）作为评价对象，对其进行健康评价。2011 年的初步评价结果表明：盘龙江样点①和样点②的综合分值分别为3.20 和 3.19，处于很健康状态；样点③和样点④的综合分值分别为 2.48 和 2.64，处于健康状态。对 4 个样点的综合分值求平均，得到盘龙江整体的综合评价值为2.88，处于健康状态，说明以前对盘龙江的综合整治有很好的效果。

根据盘龙江生态系统的健康评价结果（图 2-3）和各样点一级指标的评价分值（图 2-4），参考二级指标的标准化值，明确了影响城市河流生态系统健康的限制因素主要有河岸缓冲带、河流水质、水生生物栖息环境、河道弯曲程度、护岸形式等，并提出了相应的河流生态修复的对策建议，主要有：样点①河岸缓冲带被挤占，河道管理有待完善，应扩宽河岸缓冲带，并加强河岸带景观生态建设及河道管理；样点②河岸缓冲带也被挤占，宽度不够，应扩宽河岸缓冲带，并加强河岸带景观生态建设；样点③应从优化河流水质、修复水生生物栖息环境、扩宽河岸缓冲带、加强河岸带景观生态建设等方面综合整治，此外，其护岸形式对河流生态健康不利，建议生态修复；样点④首先消除点源污染、控制面源污染以优化河流水质，其次修复水生生物栖息环境问题仍是治理重点。此外，从盘龙江整条河流看，河道弯曲程度成为影响其生态健康的限制因素之一，因而修复河流的天然形状很有必要，但现实情况是，河弯改直后对防洪有好处，但生境状况差，而由直改弯难度大，又是城市河流，受到的限制因素多，因此要从实际出发，根据实际情况和条件综合考虑。

第3章　城市河流生态系统景观服务价值评估

3.1　引　　言

当今世界生态环境保护和经济发展的矛盾突出，生态系统服务价值作为一种初步估算，其研究结论可以作为一个可靠的起点，为保护自然资源提供管理决策依据(Costanza et al.，1997)。近30年来，生态系统服务价值评价已成为环境和生态经济学研究中最显著和发展最快的领域之一(赵军等，2006)。Costanza 等(1997)对全球生态系统服务价值进行估价之后，许多学者开展了许多有关生态系统服务价值评价方面的研究(Davis，1963；Hanemann，1984；Howarth et al.，2002；Turner et al.，2003；欧阳志云等，1999，2004；蔡庆华等，2003；赵军等，2005，2007)。

生态系统服务功能的经济价值包括使用价值(use value，UV)和非使用价值(non use value，NUV)两部分。其中，使用价值可以用直接市场法等方法进行评估，而非使用价值，比如不能以商品形式出现于市场的生态系统服务，则唯一有效的方法是直接询问人们对该项生态系统服务的支付意愿，从而获得此项生态系统服务的经济价值，这就是模拟市场技术。其代表方法是条件价值评估法或称意愿调查法(contingent valuation method，CVM)。王寿兵等(2003)认为CVM是一种以调查结果为基础的方法，它用于在缺乏市场价格甚至于连市场替代价格都无法观察的情况下，通过调查人们对环境物品或服务的支付意愿来评价环境资源的非使用价值。条件价值评估法是利用效用最大化原理，在假想模拟市场的情况下，通过直接调查和询问人们对某一特定环境质量改善或资源保护措施的支付意愿(WTP)或者对环境或资源质量损失的接受赔偿意愿(willingness to accept，WTA)，来估计环境或资源的非使用价值大小，它在生态环境公共决策方面具有广阔的应用前景和实际价值(Turner et al.，2003)。条件价值评估法于1963年由Davis(1963)首次提出，Hanemann 于1984年为CVM奠定了坚实的经济学基础并进入高速发展时期(Hanemann，1984)。至2001年，世界上的研究案例已超过5000个(Carson et al.，2003)，成为环境经济学中最重要和应用最广泛的关于环境物品非使用价值评估的重要方法(欧阳志云等，1999；赵军等，2005)。

我国于 20 世纪 80 年代首次进行 CVM 的研究，但由于受市场体制、环境问题认知程度以及调查成本等因素的限制，自 1994 年以来，我国真正实施的应用案例不多。目前，我国对于 CVM 的研究角度集中在理论的引进、问卷设计、WTP 的相关性分析、案例的实施等方面(Howarth et al.，2002；赵军等，2004，2005，2007；蔡庆华等，2003；徐大伟等，2007；刘治国等，2006；赖瑾瑾等，2008；张志强等，2002，2004；徐中民等，2003；张翼飞等，2007；王寿兵等，2003；贺桂珍等，2007；卫立冬，2008)。

河流生态系统服务价值的评估是环境经济学、统计学等结合社会发展所面临的环境问题而出现的研究热点(徐大伟等，2007；刘治国和李国平，2006)。从已检索文献来看，国内运用 CVM 对河流生态系统服务价值的研究尚处于概念的引进和方法的模仿阶段，如张志强等(2002，2004)、王寿兵等(2003)分别对黑河流域和上海苏州河进行了生态系统恢复的价值分析；近年来其他学者(徐中民等，2002，2003；赖瑾瑾和刘雪华，2008；张翼飞和刘宇辉，2007；贺桂珍等，2007；卫立冬，2008)也进行了相关的研究。

从上述研究者的研究案例来看，在对生态系统服务价值研究的基础上，我国近年有不少城市运用条件价值评估法(CVM)对城市河流生态系统服务价值进行了实例研究，研究方法可靠，逐渐趋于成熟。

盘龙江污染严重，已成为昆明向水污染决战的第一条主要入滇河道。整治"母亲河"成为政府和老百姓的共同目标。2008 年以来，政府已投资 12.5 亿对盘龙江进行综合整治，综合整治以截污治污、底泥疏浚、河道开拓、鱼苗放养、两岸禁养、两岸拆迁、开辟空间、两岸绿化为重点，并且还将投入大量资金进行持续治理。为了给政府治理盘龙江提供理论支持，进一步了解盘龙江相关的生态及环境问题，需要从环境经济科学角度对盘龙江综合整治后的生态系统景观服务价值进行评估。

本书选取昆明市盘龙江(松华坝水库至滇池入湖口，长 26.5km 的区段)作为研究对象，用条件价值评估法(CVM)，以面对面的问卷调查形式，通过调查人们对盘龙江综合整治后生态系统景观服务改善的支付意愿，对其生态系统景观服务价值进行评估，以货币的形式反映出其生态健康、生态系统景观服务改善的效益，并对 WTP 与社会经济特征等进行了相关性分析，从社会经济特征的角度提出了维持河流生态健康及生态系统景观服务改善的建议，对保持河流健康发展有积极作用，为昆明市政府治理盘龙江的决策提供理论依据。另外，研究了居民是否回答过调查问卷对支付意愿的影响，为进一步完善和推广CVM法提供参考。

3.2　研究区域与方法

3.2.1　研究区域

以昆明市盘龙江为研究对象，研究范围：松华坝水库至滇池入湖口(外海)区段。在盘龙江从松华坝水库至滇池入湖口，长26.5km的区段内进行问卷样本调查，调查范围为沿岸流域内的五华区、官渡区、西山区和盘龙区，人口297.1万人，72.1万户(云南统计年鉴，2007)。

将盘龙江沿江周边，依次划分为六个区域，即A、B、C、D、E、F区，各区问卷调查主要布点(图3-1)如下：

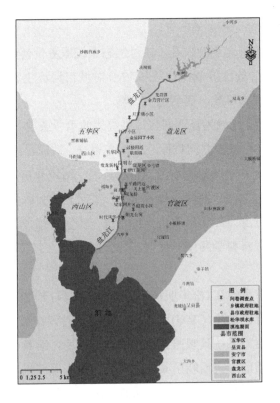

图 3-1　盘龙江问卷调查区域示意图

　　A 区：上坝村

　　B 区：金刀营片区、月牙塘小区、江岸小区、金星园丁小区

　　C 区：春江小区、圆通小区、鼓楼附近、临江花园

　　D 区：盘龙新村、双龙小区(永安路)

　　E 区：南坝村、银苑小区、永平路附近住宅小区(因为南坝村和银苑小区都比较大，开展了两次问卷调查)

　　F 区：时代风华小区、梁家河片区、阳光公寓

　　每次实地调查尽量扩大调查范围，扩大覆盖面，配以路线图。在圆通小区、盘龙新村、南坝村做问卷预调查。

　　实地调查路线主要有：

　　(1)上坝村

　　(2)金刀营—鼓楼附近—双龙小区(永安路)—银苑小区—时代风华小区

　　(3)江岸小区—盘龙新村—南坝村

　　(4)月牙塘小区—临江花园

　　(5)永平路附近住宅小区—梁家河片区—阳光公寓

3.2.2　研究方法

　　研究方法采用条件价值评估法(CVM)，以问卷调查的方式，遵循以下流程：明确评价对象→确定调查范围→初步设计调查问卷→预调查→修正调查问卷→现场调查→数据汇总→结果分析。具体思路如下：

　　(1)明确评价对象。更多地了解盘龙江的全面信息，如当地的经济状况及居民生活水平等，从而使得评估工作更具有针对性、科学性、可靠性。

　　(2)确定调查范围。在盘龙江从松华坝水库至滇池入湖口，长 26.5km 的区段内进行问卷样本调查，调查范围为沿岸流域内的五华区、官渡区、西山区和盘龙区，计划好调查路线，从而使得评估工作更为可行、合理。

　　(3)初步设计调查问卷。为了得到更为合理的、可靠的支付意愿，初步设计一个调查问卷，试用后做进一步的改进。

　　(4)预调查。实际走访并使用初步调查问卷。

　　(5)修正调查问卷。改进初步设计调查问卷的缺陷，使其更适合此次调查。

　　(6)现场调查。实际进行调查，要求记录真实的数据。

（7）数据汇总。在进行大量调查之后，对所有的数据进行汇总处理。

（8）结果分析。对处理后的数据进行比较和统计分析，得出结论。

该项研究分为资料搜集、实地考察、居民访谈、数据处理和结果分析五个工作步骤。①搜集尽可能多的盘龙江的实际资料和有关意愿评估法的实施方法；②勘测地形，圈定进行调查的区域范围；③设计与此次研究项目相符的调查表；④开始实地调查，收集多方面的数据，要求真实可靠；⑤对所有的数据进行统计分析和处理，得出结论。具体路线如图 3-2 所示。

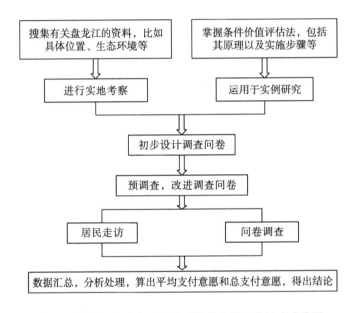

图 3-2   城市河流生态系统景观服务价值评估技术路线图

3.2.2.1   问卷设计

科学合理的问卷设计可以有效减少和避免偏差，提高研究结果的有效性和可靠性（刘治国和李国平，2006）。美国国家海洋和大气管理局（National Oceanic and Atmospheric Administration，NOAA）两位诺贝尔经济学奖获得者 Arrow 和 Solow 负责的"蓝带小组"（Blue Ribbon Panel）就 CVM 问卷设计与研究提出了著名的 15 条原则（NOAA，1993）。这些具体原则在性质上大体相同，但在发展中国家具体应用则必须有所选择和修正（Venkatachalam，2004）。结合赵军和杨凯（2006）提出的 NOAA 改正后的问卷设计原则及其他国内外问卷设计经验，本次调查问卷主体部分由问题引导、受偿与支付意愿询问、社会经济信息询问共三部分组成。其中问题引导部分，涉及受访者对环境及盘龙江的态度、对政府治理盘龙江信息的了解程度、对盘龙江现状的评价等；受偿与支付意愿询问部分，运用了 NOAA 推荐使用的支付卡问卷格式，并在支付意愿提问前运用了是否愿意参加义务劳动的问题进行诱导；社会经济信息包括常规信息：性别、年龄、受教育程度、家庭人口数、未成年人数、家庭收入、捐款经历、环境态度、是否盘龙江沿线居民、对治理信息了解程度等；最后，本次问卷调查中还加入了居民之前是否接受过问卷调查的问题，以了解居民的支付意愿是否与此有关。另外，为使模拟市场的建立和界定更为具体准确、通俗易懂，本次问卷调查中还设计了图文并茂的样板图，并根据李莹（2001）的建议，从盘龙江生态系统用途、参考水平和目标水平、质量变化的原因、范围和时限，详细介绍了模拟市场中的盘龙江生态系统。调查中样板图假定盘龙江综合治理已基本完成。其表现为，全面截流盘龙江沿岸污水，成功控制污染物排放量；水体已完全消除黑臭，水生态系统恢复，水体透明度提高，水质达到地表水Ⅳ类标准（昆明市环保局对盘龙江进行水质监测结果：2011 年 1～12 月盘龙江入湖口断面水质达到地表水 Ⅳ 类标准），水中有鱼虾生存，并形成流动水；河道排洪能力得到提高；两岸已完成环境整治，河道景观走廊建设完成，建成 20～50m 宽的绿化走廊带，个别样板地区将建成幽静舒适的花园，盘龙江已成为"昆明"的中轴线。

3.2.2.2　调查过程

问卷调查可以通过面谈、电话调查、邮寄调查三种方式。因为面谈的调查方式可以利用图片和其他可见的工具，受访者积极性较高，信息反馈率高且有较好的问卷回收率；本次问卷调查采用了面谈的调查方式。一般来说，询问支付意愿时分以户为单位与以人为单位两种，由于对社会中的每户家庭支付意愿的研究更具有代表性和实践意义，所以本研究在询问支付意愿时采用了以户为单位的询问方式。在预调查之后，正式调查于 2009 年 4～6 月完成。根据研究目的，本次正式调查采用了随机抽样的方式，按盘龙江的长度划分为上坝村、月牙塘小区、临江花园、鼓楼附近、盘龙新村、梁家河片区等 17 个区间（图 3-1），并在每个区间中随机抽取 30～35 个行人作为受访者，进行面对面的访问。这种随机抽样的方式具有广泛的代表性且在一定程度上减小了因抽样引起的系统误差。根据赵军、杨凯的建议，调查样本应多于 400 份（赵军和杨凯，2006）。本次调查共发放 417 份问卷，回收有效问卷 393 份，有效回收率为 94.24 %。

3.2.2.3　WTP 值的核算

平均支付意愿 MWTP 计算公式如下：

$$MWTP = \sum_{i=1}^{11} WTP_i \cdot P_i \tag{3-1}$$

其中，MWTP（mean willingness to pay）为平均支付意愿；WTP_i 为第 i 组的平均数；P_i 为第 i 组出现的百分比。

3.3　研究结果与分析

在对调查问卷进行剔除漏答与乱答问卷后得到有效回收问卷，将其结果录入数据分析软件 SPSS Statistics 17.0 后进行了有关分析。另外，本次问卷中调查了受访者对调查问卷问题的理解程度，结果显示完全不理解的受访者仅占 4.8%，这表明调查问卷的设计质量达到了预期效果。

3.3.1　WTP 值与昆明市盘龙江生态系统景观服务价值的评估

如表 3-1 所示，在 393 个有效样本中，共有 125 个，约占 31.8%的受访者选择不愿意支付，该比例符合国际上已有研究统计的一般范围（20%～35%）（Green et al.，1998）。在不愿支付的各种原因中，有 41.0%的受访者是因为经济困难而不愿支付，有 36.9%的受访者认为盘龙江的治理是政府与污染单位的事，与自己无关而不愿支付，还有的受访者认为盘龙江不必继续投资治理，应"将钱花到更重要的地方"。这说明环境保护的理念需要进一步宣传。另外，在本次调查中发现有占总调查样本 2.5%的拒答人群，这可能是由于某些居民不同意捐款这一支付方式等原因而拒答所致，本次统计将拒答导致的缺失值按照 WTP 为 0 处理。此外，较少数量的支付意愿大于等于 500 元的样本（2 个）按 500 元保守处理。具有正 WTP 值的调查样本约占 65.7%。

按照上述方法，由平均支付意愿 MWTP 计算公式(3-1)计算得出平均支付意愿为 63.05 元/(年·户)，按昆明市四区人口 72.1 万户计算总支付意愿为 4.55×10^7 元/年，即为昆明市盘龙江生态系统景观服务价值。

表 3-1 受访者对盘龙江生态系统改善的支付意愿

项目	愿意支付										不愿支付	合计
	拒答					WTP 值						
范围 /元	0	1~20	21~40	41~60	61~80	81~100	101~150	151~200	201~300	301~500	501a	0	——
平均数 /元	0	10.5	30.5	50.5	70.5	90.5	125.5	175.5	250.5	400.5	——	0	——
频率	10	51	33	42	24	44	23	10	12	17	2	125	393
百分比 /%	2.5	13.0	8.4	10.7	6.1	11.2	5.9	2.5	3.1	4.3	0.5	31.8	100
平均 WTP/元	0	1.37	2.56	5.40	4.30	10.14	7.40	4.39	7.77	17.22	2.50	0	63.05

注：a 表示 501 元及以上。

3.3.2 WTP 与社会经济特征等的相关性分析

WTP 的大小与家庭的社会经济特征有关，WTP 是否能够通过计量经济学验证，即 WTP 与家庭社会经济信息的相关结果是否符合经济学原理，是决定 WTP 有效性的重要因素。目前，对于支付意愿相关性分析的研究有 Probit 模型、Logit 模型、OLS 模型、Tobit 模型、MNL 模型以及线性回归分析、多元对数线性回归等多种方式。本节在 WTP≥0 条件下，以受访者愿意支付环境保护费为被解释变量，受访者个人社会经济与非社会经济特征为解释变量，分别采用 Probit、Logit 回归模型对受访者是否具有正支付意愿的影响因素进行分析。

如表 3-2 所示，在两种模型检验结果中，年龄 AGE、收入 INC、对治理信息的了解程度 KNO、未成年人数 CHI、是否盘龙江沿线居民 NEA、家庭人口数 NUM、性别 GEN 的显著水平分别为：0.910 和 0.982，0.285 和 0.270，0.257 和 0.266，0.252 和 0.259，0.131 和 0.130，0.895 和 0.942，0.171 和 0.188，它们与 WTP 相关性不显著；受访者的教育程度 EDU、捐款经历 DON、环境态度(如盘龙江存在重要性 IMP)的显著水平分别为：0.084 和 0.089，0.056 和 0.053，0.062 和 0.057，它们与 WTP 相关性显著(显著水平<0.1)，且呈正相关关系。大部分分析结果与在此之前的大多数研究者的结果相当。

总体说来，本次的调查问卷具有较高的可信度，大部分分析结果符合预期结果，调查的结果在一定程度上来说是有意义和有效的。

盘龙江生态系统景观服务价值评估结果及支付意愿与社会经济特征等的相关

性分析，表明提高公众的受教育程度、环境态度和环保意识，对维持河流生态系统健康以及环境管理和保护有着积极作用。建议政府和社会给予关注。

表 3-2　社会经济变量对 WTP 影响的回归分析

变量	基于 Probit 模型回归结果			基于 Logit 模型回归结果		
	回归系数	标准误	显著水平	回归系数	标准误	显著水平
AGE	0.004	0.032	0.910	0.001	0.054	0.982
EDU	0.089	0.051	0.084	0.147	0.086	0.089
NUM	0.008	0.059	0.895	0.007	0.100	0.942
CHI	−0.103	0.090	0.252	−0.169	0.150	0.259
INC	0.000	0.000	0.285	0.000	0.000	0.270
GEN	0.211	0.154	0.171	0.341	0.259	0.188
DON	0.307	0.160	0.056	0.512	0.264	0.053
IMP	0.511	0.274	0.062	0.855	0.449	0.057
KNO	0.119	0.105	0.257	0.191	0.172	0.266
NEA	0.240	0.159	0.131	0.406	0.268	0.130
CON	−1.339	0.567	0.018	−2.186	0.936	0.020

注：AGE 表示年龄 age；EDU 表示教育程度 level of education；NUM 表示家庭人口数 number of family member；CHI 表示未成年人数 number of children；INC 表示家庭收入 income；GEN 表示性别 gender；DON 表示捐款经历 donation experience；IMP 表示盘龙江存在重要性 importance of Panlong River；KNO 表示对治理信息了解程度 knowing about the governance information；NEA 表示是否盘龙江沿线居民 living near Panlong River or not；CON 为常数项 constant。

3.3.3　受访者是否接受过问卷调查对 WTP 的影响

本次调查中发现有 68.2% 的受访者没有接受过任何形式的问卷调查。对受访者是否接受过问卷调查与其支付意愿的关系进行卡方检验（表 3-3）。卡方检验的零假设是：对于不同问卷经历的受访者是否具有支付意愿，没有显著性差异。由表可以看出，三种检验的双侧显著性水平都大于 0.1，故不能否认零假设，即认为受访者问卷经历与支付意愿没有显著的相关关系，不同问卷经历的受访者之间的支付意愿差异是由随机因素引起的。

表 3-3　卡方检验

项目	值	渐进 Sig.（双侧）
Pearson 卡方	2.585	0.108
似然比	2.623	0.105
线性和线性组合	2.580	0.108

3.4　本　章　小　结

评价城市河流的景观服务价值将为城市河流的综合整治和政府决策提供依据。本研究采用条件价值评估法(CVM)，在盘龙江从松华坝水库至滇池入湖口，长 26.5km 的区段内进行问卷样本调查,询问公众对盘龙江综合整治后生态系统景观服务改善的支付意愿(WTP)，回收有效问卷 393 份，对盘龙江综合整治后的生态系统景观服务价值进行评估，以货币的形式反映出其生态系统景观服务改善的生态效益。研究表明，65.7%的居民具有正的支付意愿，与徐大伟等(2007)的调查结果 63.7%相似。2011 年昆明市盘龙江综合整治基本完成，其生态系统景观服务改善平均支付意愿为 63.05 元/(年·户)，总的非使用价值即昆明市盘龙江生态系统景观服务价值为 $4.55×10^7$ 元/年。其平均支付意愿与国内某些研究者的研究结果相当，但比国外的研究结果普遍低。通过对支付意愿与普遍关注的社会经济特征等相关性进行分析研究发现：不同社会经济状况的人群，其支付意愿存在差异，支付意愿受受访者的教育程度、家庭人口、未成年人数、捐款经历、环境态度等因素的影响，影响方向与计量经济学的预期结果基本一致。支付意愿与受访者的教育程度(EDU)、捐款经历(DON)、环境态度(如盘龙江存在重要性 IMP)等因素相关性显著(显著水平<0.1)，但与收入(INC)、年龄(AGE)、对治理信息了解程度(KNO)、未成年人数(CHI)、是否盘龙江沿线居民(NEA)、家庭人口数(NUM)、性别(GEN)的相关性不显著。另外，还进行了居民以前是否接受过问卷调查对WTP影响的研究，研究结果表明，以前接受过问卷调查的居民与未接受过问卷调查的居民支付意愿大致相同，即受访者是否接受过问卷调查与其支付意愿没有明显关系。

盘龙江生态系统景观服务价值评估结果及支付意愿与社会经济特征等的相关性分析，反映出提高公众的受教育程度、环境态度和环保意识，对维持河流生态系统健康以及环境管理和保护有着积极作用。建议政府和社会给予关注。

第 4 章　分析与总结

4.1　分　　析

4.1.1　城市河流生态系统健康评价问题

当前，对于河流水生态系统健康评价，由于研究者研究目的的不同，侧重点不同，自身知识结构的差异，评价指标的选取不尽相同，评价标准的设定也不尽相同，其评价结果存在着较大的主观差异。如赵彦伟和杨志峰(2005)提出了包含水量、水质、水生生物、物理结构与河岸带 5 大要素的指标体系及其"很健康、健康、亚健康、不健康、病态" 5 级评价标准，并用模糊评判模型对宁波市的多条河流进行了评价。高学平等(2009)以反映河流系统的动力状况、水质状况、河流地貌和生物指标状况、河流服务状况等 4 个方面，构建河流系统健康状况评价体系，并建立了基于模糊理论的河流健康状况多层次评价模型，以海河三岔口河段为例，对河流生态系统的健康状况进行了评价。惠秀娟等(2011)采用主成分分析方法，进行指标的筛选与指标权重的确定，构建了辽宁省辽河河流水生态系统健康评价指标体系和健康评价标准体系，并用改进的灰色关联度法对该河 6 个断面的水生态系统健康状况进行了评价。为此应规范河流生态系统健康评价指标体系及评价标准，使河流生态系统健康评价具有规范统一、操作性强的标准，从而使河流生态系统健康评价结果在横向及纵向上具有较好的可比性。

本研究采用综合指标评价法，选用能够表征城市河流生态系统主要特征和功能的指标，指标包括水质特征、生物指标、河流水文、河道指标、河岸带和社会指标 6 个方面，建立城市河流生态系统健康评价综合指标体系，确定评价标准，采用层次分析法确定各级指标的权重，构建层次综合评价模型，评价昆明城市河流盘龙江生态系统健康状况。该评价指标体系与 Meyer (1997)认为健康的河流生态系统不但要维持生态系统的结构与功能，且应包括其人类与社会价值，在健康的概念中涵盖了生态完整性与人类价值观，即维持河流生态系统的结构和功能的稳定以及社会对河流系统的评价和影响的观点相吻合。与之类似的评价方法在美国以及澳大利亚得到广泛应用，其中最具代表性的是澳大利亚的 ISC（index of stream condition），ISC 法构建了基于河流水文、形态特征、河岸带状况、水质及水生生物 5 个方面（Ladson et al.，1999），共计 18 项指标的评价指标体系，该体系主要侧重于对水体环境价值的评价（赵彦伟和杨志峰，2005），却忽略了城市河流作为城市水环境主体，兼有泄洪、景观欣赏、休闲等社会服务功能（Gilvear et al.，2002）。所以，本研究中采用的评价体系和方法可以综合评价河流的健康状况，既能反映河流的总体健康水平和社会功能水平，又可以反映出生态系统健康变化的趋势，是目前比较全面系统的一种评价方法，且指标的选择和确定考虑到了相关数据收集的可操作性和可获得性。另外，使用的一些研究方法在综合相关研究的基础上做了改进，如采用层次分析法确定各级指标的权重，构建层次综合评价模型；对定性和定量指标标准化指标值，转化为 0～4 的得分。

4.1.2　指标体系推广难度分析

该指标体系经过不断完善和改进，将推广应用于其他城市河流。因此，有必要对推广难度进行分析，分析该指标体系的实际可操作性和指标数据的可获得性。

以在昆明市盘龙江应用为例，分析该指标体系的实际可操作性。

盘龙江是滇池流域流量最大的城市河流，通常指经松华坝水库至滇池洪家大村入湖口，全长 26.5km，径流面积 142km^2，干流河宽 14.7～35m，行洪能力 68.4～150m^3/s，是滇池流域最主要的入湖河道，也是昆明市的主要景观河。

该指标体系将河流结构和功能的自然属性和社会属性结合起来，结合盘龙江的实际情况，根据指标选择的可操作性和可获得性原则，选用能够表征城市河流生态系统主要特征和功能的指标，包括水质特征、生物指标、河流水文、河道指标、河岸带和社会指标 6 个方面，共 20 个指标。20 个二级指标包括叶绿素 a、总磷、浊度、化学需氧量（COD_{Cr}）、溶解氧（DO）、底栖无脊椎动物（G.B.I）、水深、流速、流量、河道自然度、河道弯曲程度、河床稳定性、河岸缓冲带宽度、植被结构完整性、纵向连续性、河岸稳定性、护岸形式、公众态度、河道管理、防洪安全。根据前面的研究工作，该指标体系具有实际可操作性。

指标数据的可获得性分析如下：

该指标体系中，水质指标选用叶绿素 a、总磷、浊度、化学需氧量（COD_{Cr}）、溶解氧(DO) 作为其二级指标。叶绿素 a 是所有藻类的主要光合色素，因此把它作为最具代表性和测定简便的藻类现存量指标，分析其含量与动态可以了解生物量状况及变化趋势，叶绿素 a 可表征河流水体中藻类的数量及水体富营养化程度(如果水体中叶绿素 a 含量高，则水体富营养化程度高，水质差)；化学需氧量可表征城市河流水体被污染的程度(如果水体中化学需氧量含量高，表示水体受污染程度严重，水质差)；溶解氧可表征水体中水生生物的生存条件(如果水体中溶解氧含量高，则表示水生生物的生存条件好，水质好)；总磷可表征河流水体的营养丰富程度(如果水体中总磷含量低，则表示水体营养丰富程度低，水体受污染程度小，水质好)；浊度可表征河流水体的清澈状况和对人视觉形成的冲击(如果浊度数值小，则水质清澈)。上述 5 个定量指标可以采用相关方法，如《水和废水监测分析方法》(国家环境保护总局，水和废水监测分析方法编委会，2002)测定获得。其中，叶绿素 a：分光光度法测定；总磷(TP)：钼酸铵分光光度法(GB/T 11893—89)测定；浊度：分光光度法测定(与 GB13200—91 等效)；化学需氧量(COD_{Cr})：重铬酸钾法(GB/T11914—89)测定；溶解氧(DO)：用 HANNA 微电脑便携式溶氧仪(H19143)现场直接读数测定。

生物指标选用底栖无脊椎动物(G.B.I) 作为其二级指标。底栖动物不仅稳定，而且是指示生物。水体受到污染后，生物的数量和种类发生变化，而底栖动物可以稳定地反映这种变化，可以应用其群落结构变化来评价污染。样品中底栖动物个体总数包括水蚯蚓、螺蛳、河蚬、虾、河蟹和水蛭等个体总数之和。底栖无脊椎动物(G.B.I)即样品中底栖动物个体总数减去寡毛类(如水蚯蚓)个体总数，再与样品中底栖动物个体总数之比。上述数据通过对河流生态调查获得。

河流水文指标选用水深、流速、流量作为其二级指标。这 3 个指标测定简便，容易操作，数据容易获得。以水深表征河流流态结构是否适合鱼类生存，流速表征城市化对河流流速的影响以及流速变化对河流生境、生物等的影响，流量表征河流是否保持了其自然的状态，以此为依据，参考测量数据，咨询专家意见获得相关数据。

河道指标选用河道自然度、河道弯曲程度、河床稳定性作为其二级指标，以河道自然度表征人类活动对其形态结构的改变情况，河道弯曲程度来表征河道的弯曲程度(根据河道的弯曲程度来评估河流的生境状况)，河床稳定性表征河床是否存在明显退化或河床淤积严重等问题。这 3 个二级指标作为定性指标，通过生态调查及咨询专家意见可获得相关数据。

　　河岸带指标选用河岸缓冲带宽度、植被结构完整性、纵向连续性、河岸稳定性、护岸形式作为其二级指标。河岸缓冲带宽度可表征河流两岸植被缓冲带的宽度(两岸的平均宽度);植被结构完整性可表征河岸缓冲带中乔木、灌木以及草本的密集程度是否保持了自然的状况;以纵向连续性表征影响河岸带区域的物质能量输送、野生生物的移动以及景观效果的发挥等,结合盘龙江的实际情况,主要考虑景观效果的发挥、河岸带区域的景观状况;河岸稳定性能表征河岸抗冲击的程度,并且在一定程度上反映人类活动对河岸环境的影响;护岸形式一般有以下几种情况:有植被覆盖的自然土质护岸(为自然状态下护岸形式)、近自然的斜坡式生态护岸、亲水平台护岸或少植被护岸、台阶式人工护岸或浆砌块石护岸、直立式钢筋混凝土护岸,护岸形式可以根据对比评价目前护岸形式与自然状态下护岸形式的差异来评价。这 5 个二级指标作为定性指标,通过生态调查及咨询专家意见可获得相关数据。

　　社会指标选用公众态度、河道管理、防洪安全作为其二级指标。公众态度最直接地反映城市河流环境的被接受程度及其与人类的和谐程度;河道管理是河流生态系统功能改善和维持的保障,表征河道综合管理效果;防洪安全可以表征两岸居民生命与财产得到安全保障的程度。通过实地调查并结合专家、政府管理人员及公众的意见可获得相关数据。

　　对收集的相关数据进行处理。定量指标测量数据标准化,转化为 0~4 的得分;定性指标通过实地调查及咨询相关专家意见,有的指标通过咨询相关专家、政府管理人员及公众意见,由高到低打分,4 为最高分,0 为最低分,分别统计得到。将评价标准的 5 级分值阈 (4~3)、(3~2)、(2~1)、(1~0)、0 分别解读为很健康、健康、亚健康、不健康、病态 5 种河流健康状态。

　　接下来采用层次分析法确定一级指标和各二级指标权重值,构建层次综合评价模型,进行加权求和确定一级综合指标的最终分值及综合评价值;根据评价标准,确定河流生态系统健康状况。

　　由此看来,该指标体系在盘龙江的应用具有可操作性,指标数据可获得。经过不断完善和改进,将其推广应用于其他城市河流。

　　目前已推广应用于老运粮河、采莲河、船房河河流生态系统健康评价。

　　(1)昆明市老运粮河河流生态系统健康评价研究,选取三个断面作样点,样点①(N25°02′30.9″,E102°40′05.3″)位于小路沟与老运粮河交汇点,与公路相邻,旁边有商铺,人流密集;样点②(N25°01′29.3″,E102°39′17.5″)位于昆明市第三污水处理厂排水口下游 700m，周围植被绿化良好；样点③（N25°01′05.7″，E102°39′12.9″）位于老运粮河入湖口，与外水体相连，有较多水生植物，周围有大片人造森林。结果表明：2012 年昆明市老运粮河样点①处于不健康状态，样点②处于亚健康状态，样点③处于健康状态。

（2）昆明市采莲河河流生态系统健康评价研究，选取三个断面作样点，样点①（N25°0′14.2″，E102°40′28.5″）位于广福路桥以北 200m 处，样点②（N 24°59′54.0″，E 102°40′11.9″）位于广福路桥以北 1700m 处，样点③（N24°59′54.0″，E102°40′11.9″）位于广福路桥以北 3200m 处。结果表明：2012 年昆明市采莲河样点①处于亚健康状态，样点②和样点③处于健康状态。

（3）昆明市船房河河流生态系统健康评价研究，选取三个断面作样点，样点①（N102°40′16.5″，W25°00′33.9″）位于广福路桥以南 200m，样点②（N102°39′44.4″，W25°00′02.3″）位于边防桥以南 200m，样点③（N102°39′19.8″，W24°59′36.4″）位于草海大坝湿地。结果表明：2012 年昆明市船房河样点①、样点②和样点③都处于健康状态。

4.1.3　城市河流生态系统景观服务改善的公众支付意愿

我国近年有不少城市运用 CVM 对城市河流生态系统服务价值进行了实例研究（表 4-1）。从支付意愿看，排除折现率的影响，本书的调查研究结果接近张志强等（2002）、卫立冬（2008）的结果，这说明人们对城市河流生态系统景观服务改善的平均支付意愿较一致。从调查区域上看，张掖地区、衡水市区的支付意愿较小，而上海市居民的支付意愿比较大，这反映了不同地区居民的支付意愿有较强的地域经济特征。昆明地处边疆，经济水平较低，支付意愿也较低。上述分析说明，本研究的方法选择和评价结果均是可信可靠的。

表 4-1　近年来基于 CVM 的国内城市河流 WTP 研究比较

主要作者，年份	研究河流，区域	有效样本数	平均支付意愿
张志强等，2002	黑河，张掖地区	643	45.19~68.13**
王寿兵，2003	苏州河，上海市区段	61	283.38*
赵军等，2004	张家浜，上海浦东	113	528.80*
贺桂珍，2007	五里湖，无锡市	452	98.10*
张翼飞等，2007	漕河泾，上海市徐汇段	496	160.24*

续表

主要作者，年份	研究河流，区域	有效样本数	平均支付意愿
赖瑾瑾等，2008	潮白河，顺义段	283	131.40**
卫立冬，2008	滏阳河，衡水市区段	628	66.82**

注：*该研究的平均支付意愿(WTP)单位为：元/(a·人)(以个人为单位进行问卷调查)；**该研究的平均支付意愿(WTP)单位为：元/(a·户)(以户为单位进行问卷调查)。

相比而言，将城市河流生态系统健康与公众对城市河流生态系统景观服务改善的支付意愿结合起来研究，是本研究的一个亮点。本研究在采用综合指标评价法，评价昆明城市河流盘龙江生态系统健康状况、明确影响城市河流生态系统健康的限制因素、提出相应的生态修复的对策和建议的基础上，进一步采用条件价值法评估其生态系统景观服务价值，以货币的形式反映出盘龙江生态健康、生态系统景观服务改善的生态效益，并对支付意愿与普遍关注的社会经济特征(如年龄、收入、受教育程度等)进行相关性分析，提出了提高公众的受教育程度、环境态度和环保意识的建议，为河流治理和管理提供科学决策依据。

昆明市盘龙江 2008 年开始全面综合整治，目前已基本完成，综合整治后的盘龙江重新焕发了往昔水质清澈、鱼儿游动的勃勃生机，绝迹多年的海菜花又浮现于盘龙江中，沿岸景观也发生了巨大变化，一排排绿树和簇拥的鲜花使盘龙江显得格外亮丽；水清、景美、岸绿。经昆明市环保局对盘龙江进行水质监测的结果显示：2011 年 1～12 月盘龙江入湖口断面水质达到地表水 IV 类标准，水质得到明显改善，取得了很好的治理效果。要使盘龙江生态系统健康持续发展，维持良好的生态系统景观服务，一方面继续长期监测，进行生态健康评价，分析生态系统健康的制约因素，进行生态修复；另一方面，提高公众的受教育程度、环境态度和环保意识是改善生态系统景观服务的保障，也是维持生态系统健康的保障之一。

4.1.4　存在的问题分析

河流生态系统是一个在特定区域内，由水体中生存着的所有生物与其栖息环境之间相互作用、相互制约，通过物质循环和能量流动，共同构成的具有一定结构和功能的动态平衡的复杂系统。对其健康状况的评价涉及水体物理、化学、生物、生态、景观、社会等多个指标，有定量的指标和定性的指标，定性指标的判断有一定主观性，而且各个评价指标在整个评价体系的相对重要性(即权重) 的判断也具有较大的主观随意性，这在一定程度上降低了评价结果的客观性。因此，研究一种简便、可操作性强、适用范围广、评价结果具有较好客观性的河流生态系统健康状况评价方法，是现在和今后研究的方向和重点，也是本书研究需要努力和完善的方向。

河流生态修复工程是一个长期的、自然生态演替的过程，在时间和空间上具有不确定性，因此需要建立比较完善的监测系统，进行长期监测，并阶段性地进行河流健康评价，从而可以掌握河流系统演进的趋势和规律，以此为依据调整河流生态修复的规划和设计，从而使河流生态修复工程可以更好更快地达到预期的目标。

在昆明市盘龙江综合整治初步完成后，基本形成长效管理机制的情况下，本书研究小组于 2010 年 9 月～2011 年 8 月对盘龙江进行生态调查和水质［氨氮(NH_3-N)、总磷(TP)、总氮(TN)、化学需氧量(COD_{Cr})、溶解氧(DO)］的逐月监测，从调查结果和监测数据来看，盘龙江水质、生物、河道、河岸带等指标状况趋于稳定。在此基础上，于 2011 年 4 月收集相关数据，对其健康状况进行了初步评价。本研究仅以 2011 年 4 月昆明盘龙江生态系统现状调查值及相应指标的测定值为评价依据，对河流生态系统健康状况进行了初步评价，今后的研究应结合现有的水质监测断面，建立河流生态定位监测站点，进一步加强长时间序列、不同水期河流生态系统的定点观测，跟随盘龙江综合整治和生态修复的推进，采用本书提出的评价体系和方法，对其生态系统健康状况进行动态跟踪评价，以反映盘龙江综合整治及管理的推进效果，为政府开展河流治理和管理提供决策依据；并将该评价体系和研究思路推广应用于其他城市河流的生态健康评价。一方面可以验证该评价体系和研究方法，并在今后的研究工作中对指标、数据进行更加深入的设计和分析，不断改进和完善；同时可以明确影响城市河流生态系统健康的限制因素，提出相应的河流健康修复的对策及建议，为城市河流生态系统的修复以及政府管理和确定治理方案提供科学决策依据。目前，已开展了老运粮河、采莲河、船房河的健康评价。

应开展流域尺度上不同时期的河流生态系统的健康研究。河岸带植被及流域土地利用随时空尺度的变化影响河流生态系统健康，如 Kemper(1999) 提出河岸带植被指数 (riparian vegetation index, RVI)，即通过实际情况下的河段植被特征(包括河岸带植被的砍伐、种植结构、洪水影响侵蚀沉积作用和外源物种)相对于天然情况的特征变化来评价河流的生态健康。河流的治理是一个长期的过程，评价指标测量值会发生相应的变化，有必要对其做长期的监测，以便定期地为河流管理决策、科学研究及公众要求等提供河流健康现状、变化及趋势的状态报告，以便及时做出规划和决策。如本研究小组于 2011 年 12 月到昆明市盘龙江农科院大桥调查河岸缓冲带宽度，政府对盘龙江进行综合整治，道路改建和扩宽河岸缓冲带工程正在施工，左右河岸缓冲带分别扩宽到 22m 和 52m，平均值为 37m，工程完成后，将有利于河流的生态健康发展。

跟随盘龙江综合整治和生态修复的推进，为了跟踪河流健康管理推进工作，在牛栏江引水入滇工程完成后，即从海拔较低的德泽水库引水，至较高海拔的盘龙江上游，对改善盘龙江水质和河道景观有着重要的作用，增加了盘龙江景观的优美程度。本研究小组于 2019 年到样点①(盘龙江上段——农科院大桥以北约 500m 处)、样点②(盘龙江中段——罗丈村桥以南约 200m 处)、样点③(盘龙江中段——张官营闸以北约 100m 处)和样点④(盘龙江下段——广福路公路桥以北约 500m 处)再次调查了河岸缓冲带宽度、河道景观、河岸带景观生态建设、河道弯曲程度、护岸形式等。调查结果表明：河流水质清澈，沉水植物生长良好，河岸缓冲带扩宽变绿，宽度保持健康状态，河岸带景观生态建设达到了很好的效果，树木花草郁郁葱葱，赏心悦目，充满生机活力，河道景观非常优美。说明政府继续推进和加强盘龙江的管理和综合整治工作，取得较好成绩，巩固河道治理工作成果，健全河道日常管理长效机制，并将取得的治理经验全面推广到所有入滇河道。但因考虑到是城市河流，穿城而过，所以其河道弯曲程度不易改变；另一方面，城市河流承担着重要的排水、防洪任务，也许是综合考虑，在容易发生涝灾的河段，护岸形式由原来的土坡改为浆砌块石护岸，增加了防洪功能，却影响了河道健康程度，在此提出来供政府和相关专家考虑改进优化方案。

此外，还应开展基于遥感新技术的河流健康评价指标体系研究，通过技术手段可方便快捷地建立一套适用于我国河流生态系统健康理论及评价体系，对主要河流进行健康评价。

还应注意提高条件价值评估法(CVM)评估的准确性。CVM 作为一种适用于缺乏市场价格和替代商品价格的评估方法，具有理论和操作上的特殊性。CVM 的前提是建立模拟市场，并使受访者以主观看法得出公共物品的非使用价值，在具体实施过程中，调查人员的选取、问卷的设计、抽样总体范围、抽样方法、受访者获取信息的不充分、地区经济差异等导致了各种偏差，如假想偏差、嵌套偏差、范围偏差、策略性偏差、信息偏差等，这也使 CVM 的研究结果饱受争议。为此，我们在今后的研究过程中，要注意避免产生偏差的各个环节，以提高该方法评估的准确性。

4.2　总　　结

健康的城市河流生态系统是城市可持续发展的重要标志。本书以昆明市盘龙江为例，研究城市河流生态系统健康状况及生态系统景观服务价值问题，正确评价城市河流生态系统健康状况，明确影响城市河流生态系统健康的限制因素，提出生态修复的对策建议，引导可持续发展的河流管理；同时，进一步对城市河流综合整治后的生态系统景观服务价值进行评估，以货币的形式反映出其生态健康、生态系统景观服务改善的效益，并对支付意愿与社会经济等特征(如年龄、收入、受教育程度)进行相关性分析，从社会经济特征的角度提出了维持河流生态健康及生态系统景观服务改善的建议，有助于政府做出更为合理的社会决策。

本书有助于丰富和完善河流健康评价方法和指标体系研究，便于指导对城市河流做长期的监测，定期提供河流健康现状、变化及趋势的状态报告，及时做出规划和决策，以调整河流生态修复的规划和设计，确定河流恢复的目标，评价河流恢复的有效性，研究评价方法可推广应用于其他城市河流的健康评价，为政府开展城市河流整治及生态修复提供决策依据。

本书采用综合指标评价法，将河流结构和功能的自然属性和社会属性结合起来，选用能够表征城市河流生态系统主要特征和功能的指标，包括水质特征、生物指标、河流水文、河道指标、河岸带和社会指标6个方面，共20个指标，建立城市河流生态系统健康评价综合指标体系，确定评价标准，采用层次分析法确定各级指标的权重，构建评价模型，以昆明市盘龙江为例进行实证研究，评价其生态系统健康状况，明确影响城市河流生态系统健康的限制因素；进一步采用条件价值评估法(CVM)，以问卷调查形式，询问人们对盘龙江综合整治后生态系统景观服务改善的支付意愿(WTP)，回收有效问卷393份，对盘龙江生态系统景观服务价值进行评估，以货币的形式反映出其生态系统景观服务改善的生态效益，并对 WTP 与社会经济特征进行了相关性分析。获得的主要结果如下：

(1)2011 年的初步评价表明：盘龙江生态系统处于健康状况。从上游往下游选取的盘龙江城市河流的 4 个样点，样点①(盘龙江上段——农科院大桥以北约

500m 处)和样点②(盘龙江中段——罗丈村桥以南约 200m 处)的综合分值分别为3.20 和 3.19,处于很健康状态;样点③(盘龙江中段——张官营闸以北约 100m 处)和样点④(盘龙江下段——广福路公路桥以北约 500m 处)的综合分值分别为 2.48和 2.64,处于健康状态;盘龙江整体的综合评价值为 2.88,处于健康状态。说明之前对盘龙江的综合整治有很好的效果。

根据盘龙江生态系统健康评价结果和各级指标的评价分值,明确了影响城市河流生态系统健康的限制因素主要有河岸缓冲带、河流水质、水生生物栖息环境、河道弯曲程度、护岸形式等,并提出了相应的河流生态修复的对策建议,主要有:样点①河岸缓冲带被挤占,河道管理有待完善,应扩宽河岸缓冲带,并加强河岸带景观生态建设及河道管理;样点②河岸缓冲带也被挤占,宽度不够,应扩宽河岸缓冲带,加强河岸带景观生态建设;样点③应从优化河流水质、修复水生生物栖息环境、扩宽河岸缓冲带、加强河岸带景观生态建设等方面综合整治,此外,其护岸形式对河流生态健康不利,建议生态修复;样点④首先消除点源污染、控制面源污染以优化河流水质,其次修复水生生物栖息环境问题仍是治理重点;此外,从盘龙江整条河流看,河道弯曲程度成为影响其生态健康的限制因素之一,因而修复河流的天然形状,也就是所谓"多自然型河流"建设很有必要。

(2)2011 年盘龙江综合整治基本完成,盘龙江生态系统景观服务价值评估为4.55×10^7 元/年。在盘龙江从松华坝水库至滇池入湖口,长 26.5km 的区段内进行问卷样本调查,评估得到昆明市盘龙江生态系统景观服务价值为 4.55×10^7 元/年,生态系统健康和景观服务改善的平均支付意愿(WTP)为 63.05 元/(年·户);支付意愿与受访者的教育程度(EDU)、捐款经历(DON)、环境态度(如盘龙江存在重要性 IMP)等因素相关性显著($p < 0.1$),但与受访者的收入(INC)、年龄(AGE)、对治理信息了解程度(KNO)、未成年人数(CHI)、是否盘龙江沿线居民(NEA)、家庭人口数(NUM)、性别(GEN)的相关性不显著;以前接受过问卷调查的居民与未接受过问卷调查的居民支付意愿大致相同。

因此认为,提高公众的受教育程度、环境态度和环保意识,对河流生态健康的改善和修复、环境管理和保护有着积极作用。

本书建立的一套城市河流生态系统健康评价体系和研究方法,将推广应用于其他城市河流的生态健康评价,并在今后的研究工作中不断改进和完善,为城市河流生态修复及政府管理和确定治理方案提供科学决策依据。

参 考 文 献

陈鹏. 2006. 厦门湿地生态系统服务功能价值评估[J]. 湿地科学, 4(2): 101-104.

蔡庆华, 唐涛, 邓红兵. 2003. 淡水生态系统服务及其评价指标体系的探讨[J]. 应用生态学报, 14(1): 135-138.

蔡守华, 詹万林, 胡金杰, 等. 2008. 小流域生态系统服务功能价值估算方法[J]. 中国水土保持科学, 6(1): 87-92.

杜栋, 庞庆华, 吴炎. 2008. 现代综合评价方法与案例精选[M]. 北京: 清华大学出版社.

董哲仁. 2005. 河流健康的内涵[J]. 中国水利, (4): 1-4.

董哲仁. 2005. 国外河流健康评价技术[J]. 水利水电技术, 36(11): 15-19.

段学花, 王兆印, 徐梦珍. 2010. 底栖动物与河流生态评价[M]. 北京: 清华大学出版社.

国家环境保护总局, 水和废水监测分析方法编委会. 2002. 水和废水监测分析方法(第四版)[M]. 北京: 中国环境科学出版社.

高永胜, 王浩, 王芳. 2007. 河流健康生命评价指标体系的构建[J]. 水科学进展, 18(2): 252-257.

高学平, 赵世新, 张晨, 等. 2009. 河流系统健康状况评价体系及评价方法[J]. 水利学报, 40(8): 962-968.

贺桂珍, 吕永龙. 2007. 水污染治理工程的环境绩效审计[J]. 环境工程学报, 1(11): 107-111.

贺桂珍, 吕永龙, 王晓龙, 等. 2007. 应用条件价值评估法对无锡市五里湖综合治理的评价[J]. 生态学报, 27(1): 270-280.

惠秀娟, 杨涛, 李法云, 等. 2011. 辽宁省辽河水生态系统健康评价[J]. 应用生态学报, 22(1): 181-188.

姜文来. 2003. 森林涵养水源的价值核算研究[J]. 水土保持学报, 17(2): 34-40.

李国英. 2004. 黄河治理的终极目标是"维持河流健康生命"[J]. 人民黄河, 26(1): 1-3.

李俊梅, 朱福进, 段昌群, 等. 2007. 云南典型自然保护区生态系统服务效益计量——以西双版纳勐腊自然保护区为例[J]. 生态经济, (10): 367-371.

李跃峰, 李俊梅, 费宇, 等. 2010. 用旅行费用法评估樱花对昆明动物园游憩价值的影响[J]. 云南地理环境研究, 22(1): 88-93.

李肖强, 侯全亮. 2007. 论河流健康生命[M]. 郑州: 黄河水利出版社.

李莹. 2001. 意愿调查价值评估法的问卷设计技术[J]. 环境保护科学, (12): 25-27.

赖瑾瑾, 刘雪华. 2008. 潮白河顺义段断流的生态损失评估[J]. 环境科学与管理, 33(1): 137-142.

林木隆, 李向阳, 杨明海. 2006. 珠江流域河流健康评价指标体系初探[J]. 人民珠江, 27(4): 1-4.

刘治国, 李国平. 2006. 意愿价值评估法在我国资源环境测度中的应用及其发展[J]. 统计研究, 3: 61-66.

欧阳志云, 王如松, 赵景柱. 1999. 生态系统服务功能与可持续发展[J]. 应用生态学报, 10(5): 635-640.

欧阳志云, 王如松. 2000. 生态系统服务功能、生态价值与可持续发展[J]. 世界科技研究与发展, 22(5): 45-50.

欧阳志云, 赵同谦, 赵景柱, 等. 2004. 海南岛生态系统生态调节功能及其生态经济价值研究[J]. 应用生态学报, 15(8): 1395-1402.

庞治国, 王世岩, 胡明罡. 2006. 河流生态系统健康评价及展望[J]. 中国水利水电科学研究院学报, 4(2): 151-155.

宋力敏. 2013. 运用生物学指标评价嫩江"十一五"期间水质污染状况[J]. 黑龙江环境通报, 37(3): 29-34.

唐涛, 蔡庆华, 刘健康. 2002. 河流生态系统健康及其评价[J]. 应用生态学报, 13(9): 1191-1194.

王琳, 宫兆国, 张炯, 等. 2007. 综合指标法评价城市河流生态系统的健康状况[J]. 中国给水排水, 23(10): 79-82.

王龙, 邵东国, 郑江丽, 等. 2007. 健康长江评价指标体系与标准研究[J]. 中国水资源, 12: 12-15.

王寿兵, 王平建, 胡泽原, 等. 2003. 用意愿评估法评价生态系统景观服务价值——以上海苏州河为实例[J]. 复旦学报, 42(3): 463-467.

王丽珍, 刘永定, 陈亮, 等. 2007. 滇池底栖无脊椎动物群落结构及水质评价[J]. 水生生物学报, 31(4): 590-593.

王立前, 张榆霞. 2006. 云南省重点湖库水体透明度和叶绿素 a 建议控制指标的探讨[J]. 湖泊科学, 18(1): 86-90.

魏国良, 崔保山, 董世魁, 等. 2008. 水电开发对河流生态系统服务功能的影响——以澜沧江漫湾水电工程为例[J]. 环境科学学报, 28(2): 235-242.

卫立冬. 2008. 居民为改善城市河流黑臭现象的支付意愿研究——以滏阳河衡水市区段为例[J]. 中国环境管理干部学院学报, 18(2): 91-93.

肖寒, 欧阳志云, 赵景柱, 等. 2000. 森林生态系统服务功能及其生态经济价值评估初探——以海南岛尖峰岭热带森林为例[J]. 应用生态学报, 11(4): 481-484.

辛琨, 肖笃宁. 2002. 盘锦地区湿地生态系统服务功能价值估算[J]. 生态学报, 22(8): 1345-1349.

谢贤政, 马中. 2006. 应用旅行费用法评估黄山风景区游憩价值[J]. 资源科学, 28(3): 128-136.

许田, 李政牛, 建明, 等. 2008. 纵向岭谷区不同景观类型的服务价值[J]. 应用生态学报, 19(9): 2009-2015.

徐大伟, 刘民权, 李亚伟. 2007. 黄河流域生态系统服务的条件价值评估研究——基于下游地区郑州段的 WTP 测算[J]. 经济科学, 6: 77-89.

徐中民, 张志强, 程国栋, 等. 2002. 额济纳旗生态系统恢复的总经济价值评估[J]. 地理学报, 57(1): 107-116.

徐中民, 张志强, 龙爱华, 等. 2003. 额济纳旗生态系统服务恢复价值评估方法的比较与应用[J]. 生态学报, 23(9): 1841-1850.

阎水玉, 王祥荣. 1999. 城市河流在城市生态建设中的意义和应用方法[J]. 城市环境与城市生态, 12(6): 36-38.

尤洋, 许志兰, 王培京, 等. 2009. 温榆河生态河流健康评价研究[J]. 水资源与水工程学报, 20(3): 19-24.

岳隽. 2005. 城市河流的景观生态学研究: 概念框架[J]. 生态学报, 25(6): 1422-1429.

虞依娜, 杨柳春, 叶有华, 等. 2007. 小良热带植被生态恢复过程土壤保持的经济价值动态特征[J]. 生态学报, 27(3): 997-1004.

虞依娜, 彭少麟, 杨柳春, 等. 2009. 广东小良生态恢复服务价值动态评估[J]. 北京林业大学学报, 31(4): 19-25.

张凤玲, 刘静玲, 杨志峰. 2005. 城市河湖生态系统健康评价——以北京市"六海"为例[J]. 生态学报, 25(11): 3019-3027.

张嘉宾. 1986. 森林生态经济学[M]. 昆明: 云南人民出版社.

侯元兆, 王琪. 1995. 中国森林资源核算研究[J]. 世界林业研究, 3: 51-56.

张志强, 徐中民, 程国栋, 等. 2002. 黑河流域张掖地区生态系统服务恢复的条件价值评估[J]. 生态学报, 22(6): 885-893.

张志强, 徐中民, 龙爱华, 等. 2004. 黑河流域张掖市生态系统服务恢复的价值评估研究——连续型和离散型条件价值评估方法的比较应用[J]. 自然资源学报, 19(2): 320-329.

张翼飞, 刘宇辉. 2007. 城市景观河流生态修复的产出研究及有效性可靠性检验——基于上海城市内河水质改善价值评估的实证分析[J]. 中国地质大学学报(社会科学版), 7(2): 39-44.

赵军, 杨凯. 2004. 上海城市内河生态系统服务的条件价值评估[J]. 环境科学研究, 17(2): 57-60.

赵军, 杨凯, 邰俊, 等. 2005. 上海城市河流生态系统服务的支付意愿[J]. 环境科学, 26(2): 5-10.

赵军, 杨凯. 2006. 自然资源与环境价值评估:条件价值法及应用原则探讨[J]. 自然资源学报, 21(5): 834-843.

赵军, 杨凯. 2007. 生态系统服务价值评估研究进展[J]. 生态学报, 27(1): 346-356.

赵旭. 2006. 扎龙国家级自然保护区水环境评价与湿地资源可持续发展研究[J]. 水环境研究, 27(3): 22-25.

赵彦伟, 杨志峰. 2005. 城市河流生态系统健康评价初探[J]. 水科学进展, 16(3): 349-355.

朱芸, 李俊梅, 费宇, 等. 2009. 用旅行费用法评估昆明大观公园生态系统景观服务价值[J]. 云南大学学报(自然科学版), 31(S2): 528-533.

阎水玉, 王祥荣. 1999. 城市河流在城市生态建设中的意义和应用方法[J]. 城市环境与城市生态, 12(6): 36-38.

Anne C, Kenneth J. 2005. Managing urban river channel adjustments[J]. Geomorphology, 69(1-4): 28-45.

Bandara R, Tisdell C. 2004. The net benefit of saving the Asian elephant: a policy and contingent valuation study[J]. Ecological Economics, 48: 93-107.

Barbour M T, Gerritsen J, Snyder B D, et al. 1999. Rapid bioassessment protocols for use in streams and wadeable rivers: periphyton, benthic macro invertebrates and fish[M]. 2nd ed. Washington D C: U. S. Environmental Protection Agency.

Beck M B. 2005. Vulnerability of water quality in intensively developing urban watersheds[J]. Environment Modelling& Software, 20(4): 381-400.

Carson R T, Mi B, Conaway W, et al. 2003. Valuating oil spill prevention: a case study of California's central coast Boston[M]. Kluwer Academic Press.

Costanza R, Darger, Groot R, et al. 1997. The value of the world's ecosystem services and natural capital[J]. Nature, 387(15): 253-260.

Costanza R, Mageau M. 1999. What is a healthy ecosystem?[J]. Aquatic Ecology, 33(1): 105-115.

Daily G C.1997. Nature's service: societal dependence on natural ecosystems[M]. Washington D C: Island Press.

Davis R K. 1963. Recreation planning as an economic problem[J]. Natural Resource Journal, 3: 239-249.

Gilvear D J, Heal K V. 2002. Hydrology and the ecological quality of scottish river ecosystems[J]. The Science of the Total Environment, 294(1-3): 131-159.

Green D, Jacowitz K E, Kahneman D, et al. 1998. Referendum contingent valuation, anchoring and willingness to pay for public goods[J]. Resource and Energy Economics, 20: 85-116.

Gren I M, Groth K H, Sylvén M. 1995. Economic values of danube flood plains[J]. Journal of Environmental Management, 45: 333-345.

Hanemann W M. 1984. Welfare evaluations in contingent valuation experiments with discrete responses[J]. American Journal of Agricultural Economics, 66(3): 332-341.

Hanley N, Ruffell R J. 1993. The contingent valuation of forest characteristics: two experiments[J]. Journal of Agricultural Economics, 44: 218-229.

Hart B T, Davies P E, Humphrey C L, et al. 2001. Application of the Australian river bioassessment system (AUSRIVAS) in the Brantas River, East Java, Indonesia[J]. Journal of Environmental Management, 62 (1): 93-100.

Holder J, Ehrlich P R. 1974. Human population and global environment[J]. American Scientist, 62: 282-297.

Howarth R B, Farber S. 2002. Accounting for the value of ecosystem services[J]. Ecological Economics, 41: 421-429.

Jakobsson K, Christin M, Eglar E. 1996. Contingent valuation and endangereds species: methodological issues and applications[M]. Cheltenham: Edward Elgar Press.

Karr J R. 1999. Defining and measuring river health[J]. Freshwater Biology, 41: 221-234.

Karr J R. 1981. Assessment of biotic integrity using fish communities[J]. Fisheries, 6: 21-27.

Kemper N P. 1999. RVI: riparian vegetation index[R]. Draft Report to the Water Research Commission, WRC.

Krutilla J V. 1967. Conservation reconsidered[J]. The American Economic Review, 57: 777-786.

Ladson A R, White L J, Doolan J A, et al. 1999. Development and testing of an index of stream condition for water way management in Australia[J]. Freshwater Biology, 41 (2): 453-468 .

Lal P. 2003. Economic valuation of mangroves and decision making in the Pacific[J]. Ocean & Coastal Management, 46: 823-846.

Loomis J B. 1986. Assessing wildlife and environmental values in cost benefit analysis: state of the art[J]. Journal of Environmental Management, 22 (2): 125-133

Loomis J, Kent P, Strange L. et al. 2000. Measuring the economic value of restoring ecosystem services in an impaired river basin: results from a contingent valuation survey[J]. Ecological Economics, 33: 103-117.

Meyer J L. 1997. Stream health: incorporating the human dimension to advance stream ecology[J]. Journal of the North American Benthological Society,16: 439-447.

Millennium Ecosystem Assessment Board. 2003. Ecosystems and human well-being: a framework for assessment[M]. Washington D C: Island Press, 36-37.

National Oceanic and Atmospheric Administration. 1993. Report of the NOAA panel on contingent valuation[J]. Federal Register, 58 (10): 4601-4614.

Norris R H, Thoms M C. 1999. What is river health?[J]. Freshwater Biology, 41: 197-209.

Norris R H, Linke S, Prosser I, et al. 2007. Very-broad—scale assessment of humam impacts on river condition[J]. Freshwater Biology, 52 (5): 959-976.

Parsons M, Thoms M, Norris R. 2002. Australian river assessment system: review of physical river assessment methods-a biological perspective, monitoring river health initiative technical report[M]. Canberra: Commonwealth of Australia and University of Canberra: 1-24.

Parsons M, Thorns M C, Norris R H. 2004. Development of a standardised approach to river habitat assessment in Austrilia[J]. Environmental Monitoring and Assessment, 98 (1-3): 109-130.

Pearce D W, Moran D. 1994. The economic value of biodiversity[M]. IUCN: Cambridge Press.

Pearce D W, Markandta A, Barbier E B. 1989. Blueprint for a green economy[M]. London: Earthscan.

Pearce D W. 1993. Blueprint 3: measuring sustainable development[M]. London: Earthscan.

Pearce D W. 1995. Blueprint 4: capturing global environmental value[M]. London: Earthscan.

Pimentel D, Harvey C, Resosudarmo P. 1995. Environmental and economic costs of soil erosion and conservation benefits[J]. Science, 267: 1117-1123.

Pimentel D W, Wilson C, Cullum C, et al. 1997. Economic and environmental benefits of biodiversity[J]. Bioscience, 47: 747-757.

Rhys C, Vincent P. 2001. Waterway assessment in the western port catchment: The health of the Lang Lang River [R] . Waterways Group Melbourne Water Corporation.

Robert C, Peterson J R. 1992. The RCE: a riparian, channel,and environmental inventory for small streams in the agricultural landscape[J]. Freshwater Biology, 27: 295-306.

Rogers K H. 2006. The real river management challenge: integrating scientists, stakeholders and service agencies[J]. River Research & Applications, 22(2): 269-280.

Roux D J. 2001. Strategies used to guide the design and implementation of a national river monitoring programme in South Africa[J]. Environmental Monitoring and Assessment, 69: 131-158.

SCEP(Study of Critical Environmental Problems). 1970. Man's impact on the global environment: assessment and recommendations for action[M]. Cambridge, MA: MIT Press.

Serimgeour G J, Wicklum D. 1996. Aquatic ecosystem health and integrity: problem and potential solution[J]. Journal of North American Benthlogical Society, 15(2): 254-261.

Sheila H, North B. 2008. A predictive(RIVPACS-Type)model for streams of the Westem Allegheny Plateau[D]. Athens: Ohio University.

Simpson J, Norris R, Barmuta L, et al. 1999. AusRivAS-National river health program: user manual website version[R].

Smith M J, Kay W R, Edward H D, et al. 1999. AusRivAS: using macroinvertebrates to assess ecological condition of rivers in Western Australia[J]. Fresh Biology, (41): 269-282.

Stephen R K. 1984. Assessing wildlife and environmental values in cost-benefit analysis[J]. Environmental Management, 18(4): 355-363.

Sutton P C, Costanza R. 2002. Global estimates of market and non-market values derived from nighttime satellite imagery, land cover, and ecosystem service valuation[J]. Ecological Economics, 41: 509-527.

Turner R, Bergh J C, Soderqvist T, et al. 2000. Ecological economic analysis of wetlands: scientific integration for management and policy[J]. Ecological Economics, 35: 7-23.

Turner R K, Paavola J, Cooper P, et al. 2003. Valuing nature: lesions learned and future research directions[J]. Ecological Economics, 46: 493-510.

Venkatachalam L. 2004. The contingent valuation method: a review[J]. Environmental Impact Assessment Review, 24: 89-124.

Vogt W. 1948. Road to survival[M]. New York : William Sloan.

Westman W E. 1977. How much are nature's servieces worth?[J]. Science, 197: 960- 964.

Wohl E. 2006. Human impacts to mountain streams[J]. Geomorphology, 79(3-4): 217-248.

Wright J F, Sutcliffe D W, Furse M T. 2000. Assessing the biological quality of fresh waters: RIVPACS and other techniques[M]. Ambleside: The Freshwater Biological Association.

Xu Z M, Cheng G D, Zhang Z Q, et al. 2003. Applying contingent valuation in China to measure the total economic value

of restoring ecosystem services in Ejina region[J]. Ecological Economics, 44(2): 345-358.

附　　录

A　昆明市盘龙江公众态度调查问卷

本研究中，公众态度指标标准化是就城市河流盘龙江 4 个评价样点环境的被接受程度及其与人类的和谐程度，做问卷调查确定。调查对象为专家 2 人、政府管理人员 2 人、普通民众 20 人(共 24 人，即：A1，A2，A3，…，A24)，问卷内容如下：

昆明市盘龙江公众态度调查问卷

我们是云南大学的学生，由于科研的需要，我们要对昆明市盘龙江 4 个评价样点环境的被接受程度及其与人类的和谐程度，做问卷调查，调查公众态度，请您给予支持和配合，谢谢！

您认为该处环境的被接受程度及其与人类的和谐程度如何？由高到低打分，4 为最高分，0 为最低分(只能选一个分值或填写一个 0～4 的分值，请您在选择的分值后面打"√"或填写其他分值)。

(共调查以下 4 个样点)

样点①：盘龙江上段——农科院大桥以北约 500m 处：

A1	0	1	2	3	4	其他分值：____
A2	0	1	2	3	4	其他分值：____
A3	0	1	2	3	4	其他分值：____
⋮						
A24	0	1	2	3	4	其他分值：____

样点②：盘龙江中段——罗丈村桥以南约 200m 处：

| A1 | 0 | 1 | 2 | 3 | 4 | 其他分值：____ |
| A2 | 0 | 1 | 2 | 3 | 4 | 其他分值：____ |

A3	0	1	2	3	4	其他分值：＿＿
⋮						
A24	0	1	2	3	4	其他分值：＿＿

样点③：盘龙江中段——张官营闸以北约 100m 处：

A1	0	1	2	3	4	其他分值：＿＿
A2	0	1	2	3	4	其他分值：＿＿
A3	0	1	2	3	4	其他分值：＿＿
⋮						
A24	0	1	2	3	4	其他分值：＿＿

样点④：盘龙江下段——广福路公路桥以北约 500m 处：

A1	0	1	2	3	4	其他分值：＿＿
A2	0	1	2	3	4	其他分值：＿＿
A3	0	1	2	3	4	其他分值：＿＿
⋮						
A24	0	1	2	3	4	其他分值：＿＿

B 昆明市盘龙江生态系统景观服务价值调查问卷

昆明市盘龙江生态系统景观服务价值调查问卷

盘龙江环境的改善关系到千家万户的切身利益，我们的研究旨在对盘龙江综合整治后可能获得的景观服务价值做一个粗略的评估，从而提高人们对盘龙江生态系统的认识，并为政府提供决策依据。

您是我们按照科学抽样方法抽出的进行调查的其中一位，您回答的结果将作为我们科学研究的基础。每道题的答案没有对错好坏之分，您不必有任何顾虑，希望您能在百忙之中协助回答以下问题，感谢您配合我们的工作！

下面请您回答如下问题。（如无特殊说明，所有问题均为单项选择，在选项前的数字符上画"√"即可）

1. 对您的家庭来说，下列问题的重要性如何？

	非常重要	重要	一般	不重要
住房	（ ）	（ ）	（ ）	（ ）
交通	（ ）	（ ）	（ ）	（ ）
环境	（ ）	（ ）	（ ）	（ ）
医疗	（ ）	（ ）	（ ）	（ ）
教育	（ ）	（ ）	（ ）	（ ）
治安	（ ）	（ ）	（ ）	（ ）
就业	（ ）	（ ）	（ ）	（ ）

2. 请您在下列空格中标明对应问题的优先次序：（请标明 1,2,3,…）

（ ）	（ ）	（ ）	（ ）	（ ）	（ ）	（ ）	（ ）
收入	住房	交通	环境	医疗	教育	治安	就业

3. 您对昆明市下列环境质量的满意程度如何？

	满意	一般	不满意	很不满意
自来水质量	（ ）	（ ）	（ ）	（ ）

湖、河水质   （ ）   （ ）   （ ）   （ ）

空气质量   （ ）   （ ）   （ ）   （ ）

垃圾清运   （ ）   （ ）   （ ）   （ ）

城市绿化   （ ）   （ ）   （ ）   （ ）

其他环境问题(请注明)＿＿＿＿＿＿＿＿＿＿＿＿＿＿＿＿＿＿＿＿＿

4. 您每月去盘龙江的次数是(次/月)：

① 0   ② 1～5   ③ 6～10   ④ 11～20   ⑤ 21 及以上

5. 您去盘龙江的原因是：

① 上班路过   ② 住在盘龙江附近(那您住在盘龙江附近约＿＿年了)

③ 去休闲游玩   ④ 其他(如＿＿＿＿＿＿＿＿＿＿＿＿＿＿＿＿＿)

6. 您对政府治理盘龙江的相关信息了解程度：

① 完全了解   ② 了解   ③ 一般了解   ④ 不了解   ⑤ 完全不了解

7. 那您对盘龙江河流现状生态环境满意程度是：

① 非常满意   ② 满意   ③ 一般满意   ④ 不满意   ⑤非常不满意

8. 盘龙江被污染，对您生活或工作的影响：

① 有很大影响   ② 有影响   ③ 一般   ④ 没影响   ⑤ 完全没影响

9. 此次政府综合治理盘龙江，已经历时几年之久，您认为此次治理：

① 非常必要   ② 必要   ③ 一般   ④ 不必要   ⑤ 完全没有必要

10. 您认为政府此次盘龙江治理后的效果：

① 没什么改善   ② 有一点改善   ③ 有很大的改善

11. 未来几年里，政府决定继续投资治理盘龙江，你认为继续治理：

① 非常必要   ② 必要   ③ 一般   ④ 不必要   ⑤ 完全没有必要

(选"④、⑤"项者请跳至"13"题)

12. 您认为政府继续治理盘龙江后的效果：

① 没什么改善   ② 有一点改善   ③ 有很大的改善

13. 盘龙江是滇池流域流量最大的河流，承担着重要的排水、防洪任务。 但是，从 20 世纪 80 年代起，盘龙江渐渐成为入滇河道中最大、最长的臭水河。盘龙江沿途经过昆明城区，工业废水、生活污水大量排入盘龙江。曾经一度每天通过盘龙江河道排出、进入滇池的污水占到了河道排放总量的 40%以上。

13.1　盘龙江被污染之后，水体变黑，味道难闻，严重影响了周边居民的日常生活，也对附近的农业灌溉造成了一定损失。您觉得受害者应该得到补偿吗？

① 应该（请答"13.2"题）　　② 不应该（请答"13.3"题）

13.2　那您认为赔偿的最少金额在怎样的范围比较合理呢？

① 100 元/年或以下　　　② 101～300 元/年

③ 301～500 元/年　　　④ 501～1000 元/年

⑤ 1001～2000 元/年　　⑥ 2001 元/年或以上（_____元/年）

13.3　那导致您认为受害者不应受到补偿的原因是：_____

14. 经过治理之后，盘龙江不仅恢复了往日的清澈澄净，并由政府组织改造了河堤，加强了沿岸的绿化气氛，硬质铺装、休憩座椅、草坪及河堤垂直绿化有机结合，更建造了清真古寺、工人文化宫等一系列的沿江景点，使盘龙江真正成为融历史、文化、生态、景观、休闲于一体的母亲河。

作为一个昆明市民，在享受治理后的盘龙江所带来的美丽风景和轻松时光的同时，为了继续保持和改善盘龙江的生态环境，您是否愿意定期或不定期地参加盘龙江生态建设的义务劳动呢（周末或其他您有空闲时间的时候）？

① 愿意（请答"14.1"题）　　② 不愿意（请跳至"14.2"题）

14.1　您觉得您去的频率为：

① 0～3 次/月　　② 4～6 次/月　　③ 7～9 次/月　　④ 10～12 次/月

⑤ 13～15 次/月　　⑥ 16～20 次/月　　⑦ 21 次/月或以上

14.2　作为另一种承担义务的形式，您是否可以每年支付一定的环境保护费（这样就无须再参加义务劳动）呢？

① 愿意（请答"14.3"题）　　② 不愿意（请跳至"14.5"题）

14.3　您最多愿意支付_____元/年（请您将您的支付意愿写在横线上或直接在下面的选项中选择）：

① 0～100　　② 101～200　　③ 201～300　　④ 301～400

⑤ 401～500　　⑥ 501～1000　　⑦ 1001～1500　　⑧ 1501～2000

⑨ 2001 或以上（具体数额____元/年）

14.4   您愿意用的支付手段是：

① 直接以现金形式捐献到昆明市环境保护的管理机构并委托作为专用基金。

② 直接以现金形式捐献到某一自然保护基金组织并委托专用。

③ 以纳税形式上交给国家并委托作为专用基金。

④ 以纳税形式上交给国家统一支配。

⑤ 其他方式(如_____)

14.5   导致您不愿意支付环境保护费的原因是：

① 环境质量改善的费用应该由政府和污染制造者来偿付，而不是居民的责任。

② 盘龙江就这个样子了，不需要再投资了。

③ 盘龙江生态系统是否改善跟自己的生活没有关系。

④ 经济困难。

⑤ 其他原因(如_____)

15. 您的性别   男( )   女( )

16. 出生年份 _____

17. 教育程度

    小学   ( )   初中   ( )

    高中   ( )   中专   ( )

    大专   ( )   大学   ( )

    研究生   ( )

18. 您的职业

    科研技术人员   ( )   公务员   ( )

    生产运输职工   ( )   企业经管人员   ( )

    商饮服务职工   ( )   文教卫生   ( )

    军/警/保安   ( )   离退休   ( )

    下岗/待业   ( )   其他_____

19. 工作单位性质

    全民   ( )   集体   ( )

    私营/个体   ( )   中外合资 ( )

　　外资　　　　（　　）　　　　其他_____

20. 您的家庭人口为_____人。

21. 您的家庭收入总计约每月_____元。

22. 您的家庭支出总计约每月_____元。

23. 您对我们调查的理解程度：

① 完全理解　② 理解很多　③ 基本理解　④ 理解一点　⑤ 不理解

24. 您认为我们通过问卷调查来评估盘龙江景观服务价值，对改善盘龙江及其周边环境的意义：

① 有意义　② 一般　③ 没意义

我们的调查结束了，请检查是否有遗漏的问题，再次向您表示由衷的感谢！

如果您有关于盘龙江保护的建议、意见或要求的话，欢迎写在下面。

_____

C 与本书研究相关的部分照片

昆明市盘龙江一般指经松华坝水库至滇池入海口(外海)区段

盘龙江松华坝水库段

盘龙江入滇池口

C1 昆明市盘龙江综合整治前后

昆明市盘龙江综合整治前

昆明市盘龙江综合整治前

堵口查污

截污管埋设

河床清淤

盘龙江花渔沟清淤

盘龙江花渔沟绿化前

盘龙江花渔沟绿化

综合整治前

综合整治中(两岸拆迁，开辟空间)

综合整治后

盘龙江河岸绿化带及外围沿河道路

盘龙江道路通达

昆明市盘龙江河长林

昆明市盘龙江河长林绿化带

第五污水处理厂补水入河道

第四污水处理厂补水入河道

盘龙江综合整治后

盘龙江河岸绿化带　　　　　　　　　　盘龙江综合整治后

盘龙江综合整治后水质清澈　　　　　　　盘龙江鹭鸶

C2 对照取样点及 4 个采样点

对照取样点（松华坝水库大坝下渗水出口处）

采样点①（盘龙江上段——农科院大桥以北约 500m 处）

采样点②（盘龙江中段——罗丈村桥以南约 200m 处）

采样点③(盘龙江中段——张官营闸以北约 100m 处)

采样点④(盘龙江下段——广福路公路桥以北约 500m 处)

采样点④河岸缓冲带(河滨公园)

C3 问卷调查

问卷调查小组 问卷调查

C4 研究思路和方法推广应用于其他城市河流

船房河

采莲河

老运粮河